WERKSTATTBÜCHER

FÜR BETRIEBSANGESTELLTE, KONSTRUKTEURE UND FACHARBEITER. HERAUSGEGEBEN VON DR.-ING. H. HAAKE, HAMBURG

Jedes Heft 50—70 Seiten stark, mit zahlreichen Abbildungen

Die Werkstattbücher behandeln das Gesamtgebiet der Werkstattstechnik in kurzen selbständigen Einzeldarstellungen: anerkannte Fachleute und tüchtige Praktiker bieten hier das Beste aus ihrem Arbeitsfeld, um ihre Fachgenossen schnell und gründlich in die Betriebspraxis einzuführen.

Die Werkstattbücher stehen wissenschaftlich und betriebstechnisch auf der Höhe, sind dabei aber im besten Sinne gemeinverständlich, so daß alle im Betrieb und auch im Büro Tätigen, vom vorwärtsstrebenden Facharbeiter bis zum leitenden Ingenieur, Nutzen aus ihnen ziehen können.

Indem die Sammlung so den Einzelnen zu fördern sucht, wird sie dem Betrieb als Ganzem nutzen und damit auch der deutschen technischen Arbeit im Wettbewerb der Völker.

Einteilung der bisher erschienenen Hefte nach Fachgebieten

(Fortsetzung 3. Umschlagseite)

WERKSTATTBÜCHER

FÜR BETRIEBSANGESTELLTE, KONSTRUKTEURE UND FACH-ARBEITER. HERAUSGEBER DR.-ING. H. HAAKE, HAMBURG

HEFT 51

Spannen im Maschinenbau

Verfahren und Werkzeuge zum Aufspannen der Werkstücke auf den Maschinen

Von

Dipl.-Ing. **K. Deuring**

Rheydt/Rhld.

Zweite Auflage des vorher von **F. Klautke †**
bearbeiteten Heftes

(7. — 12. Tausend)

Mit 166 Abbildungen

Springer-Verlag Berlin Heidelberg GmbH 1953

Inhaltsverzeichnis.

ISBN 978-3-540-01760-8   ISBN 978-3-642-88218-0 (eBook)
DOI 10.1007/978-3-642-88218-0

Vorwort.

Fritz Klautke (gest. 15. 2. 1942) schrieb die erste Auflage dieses Werkstattbuches unter dem Titel „Spannen im Maschinenbau" (1934). Daraus konnte vieles beibehalten werden. Paul Forkardt (1886—1935) hat wohl als erster die wesentlichen Unterschiede zwischen der Handspannung und der kraftbetätigten Spannung klar herausgestellt und uns gelehrt, daraus Nutzen zu ziehen. Der Wunsch, in der zweiten Auflage trotz beschränkten Raumes alles unterzubringen, was dem Verfasser in zwanzigjähriger Arbeit auf diesem Gebiete an Wesentlichem bekannt wurde, zwang zu äußerster Knappheit der Darstellung, aber auch zu manchem Verzicht, natürlicherweise nach subjektivem Ermessen. Zahlreiche Firmen und Fachgenossen halfen durch Anregungen und Überlassung von Zeichnungen und anderen Unterlagen. Herausgeber und Verlag erleichterten die Arbeit durch verständnisvolle Geduld. Ihnen allen dankt der Verfasser herzlich und bittet, etwaige Verbesserungsvorschläge für eine spätere Auflage an den Verlag zu senden.

I. Allgemeines über das Spannen und die Spannmittel.

1. Zweck und Bedeutung des Spannens. Einteilung der Spannmittel. Mit „Spannen", „Einspannen" oder „Aufspannen" bezeichnet die Werkstattsprache das feste Verbinden eines Teiles mit einem anderen zum Zweck und für die Dauer eines Bearbeitungsvorganges. Es ist eine Verbindung für begrenzte Zeit, die keine bleibenden Veränderungen an den betroffenen Teilen verursachen, schnell herstellbar, schnell lösbar und trotzdem sehr fest sein soll. Man spannt ein Werkstück auf die Maschine, ein Werkzeug in den Werkzeughalter, ein verstellbares Teil am Grundkörper der Maschine fest. Der zweite und dritte Fall sind Aufgaben, die bei der Gestaltung einer Maschine oder eines Werkzeuges ein für allemal gelöst werden. Das *Festhalten eines Werkstückes gegen Bearbeitungskräfte* jedoch ist eine unter ständig wechselnden Bedingungen stets neu zu lösende Aufgabe. Nur mit *diesem* Spannen im engeren Sinne wollen wir uns hier befassen.

Das Werkstück soll durch das Spannen fest mit der Maschine verbunden werden. Von der Güte des Spannens hängt es ab, wie groß die Bearbeitungskräfte werden dürfen und ob das Werkstück die gewünschte und an sich mögliche Genauigkeit erhält, kurz: ob die Leistungsfähigkeit der Maschine ausgenutzt werden kann. Wie für die Auswahl einer Maschine, so sind auch für die Auswahl oder Gestaltung eines Spannmittels nicht in erster Linie Abmessung und Gewicht des Werkstückes maßgebend, sondern vor allem andern die Schwere des vorzunehmenden Schnittes. Oft müssen und können an einem verhältnismäßig kleinen und leichten Stück große Schnittkräfte angesetzt werden, so daß eine starke Maschine am wirtschaftlichsten ist. Dann muß aber auch das Spannmittel schwer und kräftig sein, während man umgekehrt bei großen und schweren Teilen mit verhältnismäßig leichten Maschinen und leichten Spannzeugen auskommen kann, wenn nur ein leichter Schnitt zu nehmen ist.

Nur in Ausnahmefällen ist das Werkstück lediglich festzuhalten, meist muß es auch richtig „bestimmt" bzw. „zentriert" und während der Bearbeitung in dieser Lage gehalten werden. Erst dann wird die eigentliche „Spannwirkung" erzielt. Das Grundsätzliche über das Bestimmen ist ausführlich in dem Werkstattbuch Nr. 33 „Vorrichtungsbau I" gesagt. Hier soll darüber nur bei der Beschreibung der einzelnen Spannvorrichtungen das jeweils Notwendige gebracht werden.

1*

Man kann die Spannmittel nach ihrem kinematischen Aufbau oder nach anderen theoretischen Gesichtspunkten einteilen. Da wir uns jedoch mehr von der zu lösenden Aufgabe als von den dafür angewandten Mitteln leiten lassen wollen, fassen wir ähnliche Aufgaben zusammen und kommen so zu einer Einteilung, die zwar keine strenge Systematik darstellt, aber das zusammen läßt, was in der Praxis zueinander gehört. Alles Gemeinsame enthalten dieses I. und das V. Kapitel. Die Kapitel II bis IV behandeln je ein zusammenhängendes Arbeitsgebiet.

2. Schnittkräfte und Spannkräfte. Hier sei eine kurze Begriffsbestimmung vorangestellt:

Die Sprache der Praxis gebraucht die Worte „Kraft" und „Druck" oft so, als bezeichneten sie dasselbe. Die genauere Ausdrucksweise der Wissenschaft macht einen Unterschied. Das erleichtert die Verständigung. Meine ich die gesamte Wirkung, die ein festes Teil auf ein anderes festes Teil ausübt, so ist das eine *Kraft* (gemessen in kg). Spreche ich dagegen von dem Anteil der Kraft, der auf ein bestimmtes Flächenstück entfällt, so ist das ein *Druck*. (Die Schnittkraft auf $1\ mm^2$ Spanquerschnitt nennt man Schnittdruck, gemessen in kg/mm^2, den Druck einer Flüssigkeit mißt man in kg/cm^2, usw.). Im Rahmen dieses Buches brauchen wir uns nur selten mit „Drücken" zu befassen. Uns interessiert fast immer nur die Gesamtwirkung eines Werkzeuges oder eines Spannmittels, und das ist stets eine „Kraft". Für den Vorgang der Kraftausübung allerdings müssen wir uns des Tätigkeitswortes „drücken" bedienen, weil die Sprache das eigentlich dafür benötigte Wort „kraften" nicht kennt.

Nur in seltenen Ausnahmefällen, z. B. bei manchen Räumarbeiten, ist es möglich und ausreichend, die Schnittkraft unmittelbar durch einen festen Anschlag, gegen den das zu bearbeitende Werkstück gelegt wird, aufzunehmen. In der überwiegenden Mehrzahl aller Bearbeitungsfälle ist die Richtung der Schnittkraft so, daß ein Anschlag a) entweder überhaupt nicht (Drehen eines runden Teiles, das weder Vorsprung noch Loch zur positiven Mitnahme hat) oder b) wohl parallel, aber versetzt zur Richtung der Schnittkraft (Fräsen oder Hobeln der ganzen Seitenfläche eines Klotzes) angelegt werden kann. Dann müssen Reibungskräfte und Momente zur Aufnahme der Schnittkraft herangezogen werden. Das notwendige Gleichgewicht kann nur durch zusätzliche Kräfte, *Spannkräfte*, erreicht werden. Fast stets auch übt das Schneidwerkzeug nicht nur in der eigentlichen Schnittrichtung, sondern auch in anderen Richtungen Kräfte auf das Werkstück aus, denen es ebenfalls unmöglich gemacht werden muß, die Lage des Werkstückes zu beeinflussen. Dazu gehören z. B. die Vorschubkraft, die Rückdruckkraft des Stahles, die anhebende Wirkung eines Walzenfräsers. Zusätzliche Kräfte von ganz unberechenbarer Richtung und Größe entstehen ferner immer dann, wenn Werkstück oder Werkzeug zum Schwingen kommen, was sich bekanntlich nicht immer ganz vermeiden läßt, oder wenn bei der Bearbeitung Stöße auftreten (Bearbeitung unterbrochener Flächen). Deshalb muß in der Regel das Werkstück durch Spannkräfte in allen Richtungen unverrückbar festgelegt werden.

Ja selbst wenn während des Schnittes Kräfte in einer bestimmten Richtung überhaupt nicht auftreten können, muß unter Umständen trotzdem gegen Bewegungen in dieser Richtung Sicherheit geschaffen werden. Wenn z. B. in einen langen Hebel am einen Ende ein Loch gebohrt wird, könnte man zunächst meinen, der Hebel brauchte nur nach unten und den Seiten, nicht aber nach oben gehalten zu werden. Zieht man jedoch den Bohrer zurück, so will er durch die Reibung im Loch das Werkstück anheben, dieses kann sich schief stellen, der Bohrer eckt und bricht. Also muß eben doch in jeder Richtung ein Halt vorhanden sein.

Später wird in diesem Buche das Wort „Schnittkraft" als kurze Sammelbezeichnung für alle bei der Bearbeitung auf das Werkstück wirkenden Kräfte gebraucht werden. Man muß dann immer gleichzeitig an die Vorschubkraft und die anderen hier auch nur zum Teil erwähnten Nebenkräfte denken.

Da eine unmittelbare Kraftübertragung durch feste Anschläge im besten Falle in drei Hauptrichtungen möglich ist, so müssen für die anderen Richtungen, vor allem aber für die Momente, Zusatzkräfte aufgebracht werden, die entweder unmittelbar oder durch Reibung den Bearbeitungskräften entgegenwirken. Diese

Zusatzkräfte (Spannkräfte) müssen so groß sein, daß sie bzw. die erzeugte Reibungskraft oder ihr Moment unter allen Umständen größer sind als die Bearbeitungskräfte oder deren Momente. Da die Größe einer Schnittkraft meist nicht genau bekannt ist, noch weniger aber die verschiedenen Nebenkräfte und Momente, so muß die notwendige Sicherheit in der Regel durch einen großen Überschuß an Spannkraft geschaffen werden, vor allem, wenn die erzeugbare Spannkraft ihrerseits schwankt, wie bei den meisten handbetätigten Spannvorrichtungen. Es genügt auch nicht, wenn die Gegenkraft erst auf einem gewissen Wege wirksam wird, etwa nach Art einer Feder, denn die dabei entstehende Bewegung des Werkstückes, und sei sie noch

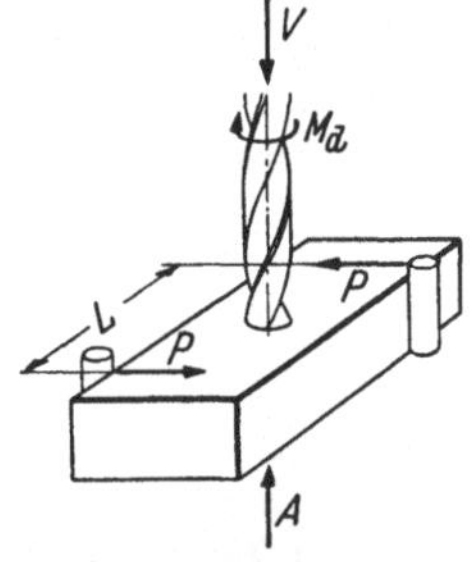

Abb. 1. Unmittelbare Aufnahme der Vorschubkraft V durch Auflagekraft A und des Schnittkraftmomentes durch feste Anschläge. $Md = P \cdot L$.

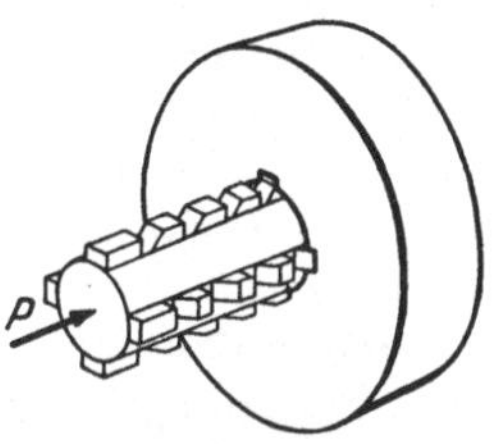

Abb. 2. Wirklich vollkommen unmittelbare Aufnahme der Schnittkraft P beim Innenräumen.

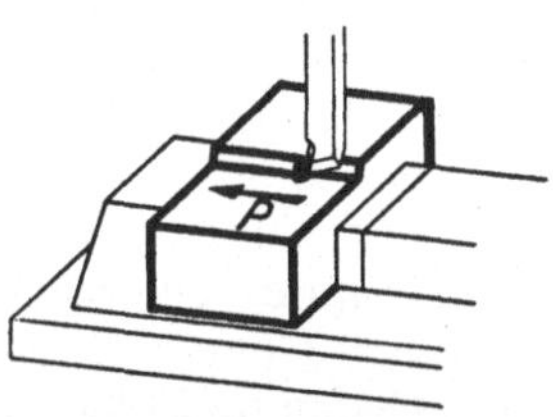

Abb. 3. Fast vollkommen unmittelbare Aufnahme der Schnittkraft P durch Einspannung bis nahe an deren Wirkebene.

so klein, ist aus den verschiedensten Gründen nicht zulässig. *Jede Aufspannung muß starr, d. h. unverrückbar und unnachgiebig sein.*

3. Aufnahme der Schnittkraft. Wir müssen das Werkstück durch die Spannkräfte gegen Bewegungen in allen Richtungen halten. Es wurde bereits angedeutet, daß das nicht in allen Richtungen unmittelbar zu geschehen braucht. Mindestens für die Nebenkräfte genügt im allgemeinen auch die Reibungskraft, die durch eine Spannkraft in anderer Richtung erzeugt wird. Nur ganz selten wird man alle Schnittkräfte und Nebenkräfte unmittelbar durch unbewegliche Teile der Vorrichtung abfangen können. Weil aber die Hauptschnittkraft im allgemeinen alle anderen Kräfte erheblich übersteigt, soll man doch anstreben, vor allem diese Kraft so günstig wie möglich aufzunehmen; die besonderen Bedingungen des einzelnen Falles wirken ohnehin vielfach einschränkend.

Im Idealfalle wird die Hauptschnittkraft oder ihr Moment unmittelbar von festen Teilen der Maschine oder der Vorrichtung aufgenommen, z. B. beim Bohren, wenn das Werkstück fest aufliegt und symmetrisch zur Bohrachse durch Anschläge gehalten wird (Abb. 1). Bei *Langbearbeitung* kommt die unmittelbare Aufnahme der Schnittkraft eigentlich nur beim Innenräumen (Abb. 2) und bei manchen Hobel- und

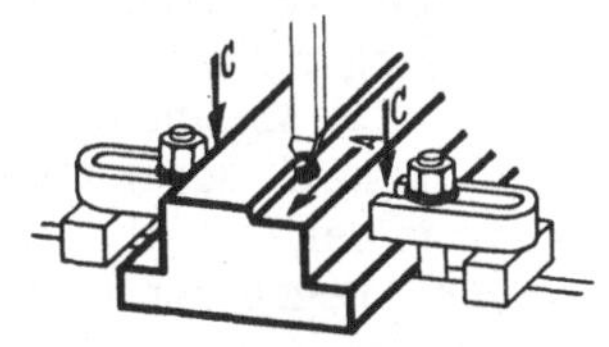

Abb. 4.

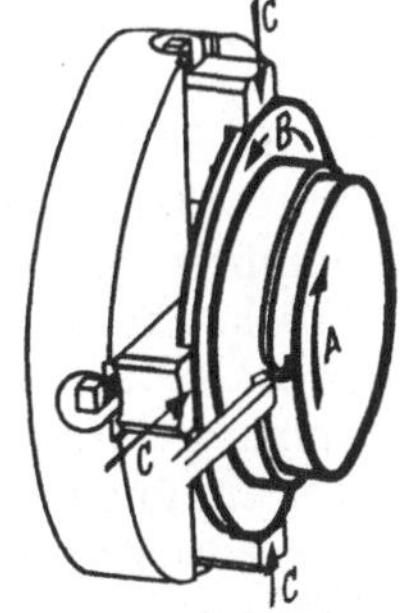

Abb. 5.

Abb. 4 u. 5. Aufnahme der Schnittkraft durch die Reibung zwischen Werkstück und Spannzeug, die mittels der Spannkraft C erzeugt wird.
A Schnittkraft bzw. Schnittkraftmoment,
B Spannkraftmoment,
C Spannkraft.

Stoßarbeiten an unregelmäßigen Körpern vor. Meist kann man ihr hier wenigstens nahekommen, wenn sich das Werkstück so gegen einen Anschlag spannen läßt, daß die Richtung der Hauptschnittkraft dicht darüber hinweggeht (Abb. 3) und so nur ein kleines Moment entsteht, das dann durch Reibung aufgenommen wird.

Man hört und liest oft die „Regel", daß die Hauptschnittkraft nicht gegen die Spannkraft gerichtet sein soll. Das ist eine falsche Ausdrucksweise, die viel Verwirrung angerichtet hat. Mehr darüber im Abschn. 43.

Die Anforderungen an die Spannkraft sind am höchsten, wenn die Schnittkraft durch Reibung aufgenommen und diese durch die Spannkraft erzeugt werden muß (Abb. 4 u. 5). Hierauf ist man nach Abb. 5 beim Drehen und Bohren runder Teile fast ausschließlich angewiesen. Noch ungünstiger ist in dieser Beziehung das Spannen langer Stangen, z. B. auf Revolverdrehbänken, wenn auch noch die große Vorschubkraft beim Bohren allein durch Reibung gehalten werden muß. Der durch die Reibung hervorgerufene Gleitwiderstand muß unter allen Umständen größer sein als die größte auftretende Schnittkraft, und das erfordert je nach Werkstoff und Oberflächenbeschaffenheit von Werkstück, Spannteil und Vorrichtungsanlagefläche eine Spannkraft, die bis zu 8 mal so groß sein muß wie die Schnittkraft. Das ist der Grund, weshalb man oft so sehr große Spannkräfte braucht.

4. Erzeugung der Spannkraft. Schon das Wort Spannkraft sagt, daß es sich um eine Kraft handelt, die aus der „Spannung" irgend eines Körpers kommt. In der einfachsten und häufigsten Form der „Spannvorrichtung" wird das Werkstück durch eine Schraube, einen Keil od. dgl. im Vorrichtungskörper „gespannt". Dabei werden eine ganze Reihe von Teilen „unter Spannung gesetzt", d. h. es werden innere Spannungen in ihnen erzeugt: das Werkstück, das bewegliche Spannteil (Spannbacke, Spanneisen, Pratze, Spannfinger od. dgl.), das Betätigungsteil (Schraube, Keil, Hebel, Exzenter u. ä.) und schließlich der Vorrichtungskörper selbst, und zwar sowohl auf der Seite, auf der das bewegliche Spannteil bzw. das Betätigungsteil sich im Körper abstützt, als auch auf der gegenüberliegenden Seite, wo sich das Werkstück abstützt. Das Wort „Vorrichtungskörper" ist hier im weitesten Sinne zu verstehen; es schließt also u. U. auch den Tisch, die Grundplatte, bzw. die Planscheibe der Maschine ein. Die „Spannung" ist an sich nur eine Nebenwirkung des eigentlichen Hauptzweckes, nämlich der Kraft, die nach den vorigen Abschnitten zwischen Spannvorrichtung und Werkstück vorhanden sein muß.

Sehr oft ist die „Spannung" sogar eine unerfreuliche Nebenwirkung, insofern, als sie stets mit einer Formänderung des „gespannten" Teiles verbunden ist. Am Werkstück spricht man von „Verspannung" und ist bestrebt, sie durch entsprechende Verteilung der Kräfte so klein wie möglich zu halten bzw. an Stellen zu verlegen, wo sie die genaue Bearbeitung nicht unmöglich macht (s. S. 54). Auch am Vorrichtungskörper, vor allem am Maschinentisch usw., ist sie meist unerwünscht, weil sie die Genauigkeit, ja u. U. sogar das richtige Arbeiten der Maschine, in Frage stellen kann. Sogar an den eigentlichen Spannteilen und deren Betätigungsgliedern ist die „Spannung" wegen der Formänderung nicht immer unschädlich: sie steht nämlich u. U. der im vorigen Abschnitt begründeten Forderung nach starrer, unnachgiebiger Abstützung des Werkstückes entgegen. Und doch ist die Spannung durchaus nicht nur schädliche Nebenwirkung der Krafterzeugung: ohne die Spannung gäbe es keine Sicherheit, daß die von der Vorrichtung auf das Werkstück ausgeübten Kräfte unter der Einwirkung der Schnittkräfte, bei den Erschütterungen der Bearbeitung und nach den Veränderungen, die der Arbeitsvorgang am Werkstück bewirkt, bestehen bleiben. Die Spannung ist gleichbedeutend mit der Speicherung einer Arbeit. Arbeit ist Kraft mal Weg; bei Federn spricht man von Federungsarbeit, hier kann man sie „Spannarbeit" nennen. Sie entsteht, indem die Spannkraft während des Anspannens auf einem gewissen

Wege, dem Federungswege der einzelnen gespannten Teile, wirkt. Umgekehrt kann die Spannarbeit bei allen etwaigen Veränderungen auf dem gleichen Wege wieder annähernd die gleiche Kraft zurückgeben und bildet damit die Gewähr für die Aufrechterhaltung der Spannkraft. Wäre die Spannung nicht, d. h. bestünde statt der Spannkraft nur eine „Haltekraft" ohne innere Spannungen in irgendwelchen Teilen, so würde die geringste Veränderung — etwa hervorgerufen durch weiteres Zusammenpressen des Werkstückes in der Richtung der Haltekraft durch die Schnittkraft — sofort zu einer völligen Aufhebung der Haltekraft führen, d. h. das Werkstück würde losgerissen. Das Schema Abb. 6 soll einen solchen Fall andeuten.

Kräfte ohne Spannungen in den betreffenden Bauteilen sind zwar streng genommen undenkbar, aber man kann z. B. durch sehr große Querschnitte, geringe Dehnlängen usw. die Spannungen und die Formänderungen sehr stark herunterdrücken, so daß die Spannarbeit außerordentlich klein wird, wodurch solche Fälle sehr wohl eintreten können. Jeder Praktiker hat es schon erlebt, daß in einer sehr starr gebauten Vorrichtung die Spannung „nicht hielt", obwohl mit großer Kraft gespannt wurde, während eine weniger schwer gebaute Vorrichtung bei gleicher Beanspruchung nicht versagte.

Bei gegebener notwendiger Kraft zwischen Werkstück und Spannvorrichtung gibt es also einerseits Gründe, die für recht geringe „Spannungen" sprechen und andere,

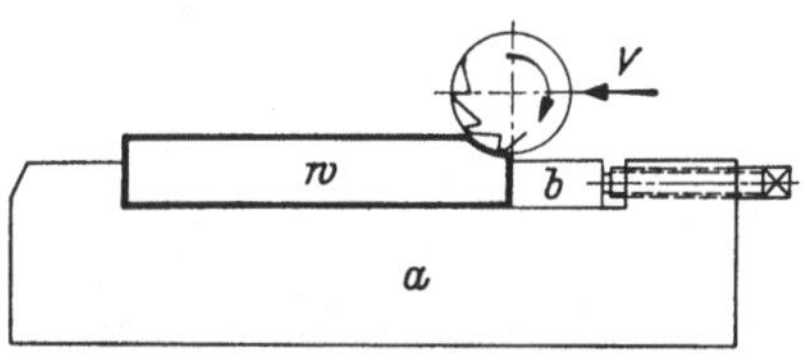

Abb. 6. Bei vollkommen starrer Spannvorrichtung a, aber sehr elastischem Werkstück w würde infolge weiterer Zusammendrückung des Werkstückes durch die in Vorschubrichtung wirkende Schnittkraft V die Berührung zwischen Spannbacke b und Werkstück aufgehoben, d. h. die Haltekraft an dieser Stelle beseitigt werden. Der Fräser würde das Werkstück hochreißen.

die große Spannungen wünschenswert erscheinen lassen. Es ist eine der Aufgaben des Konstrukteurs von Spannvorrichtungen, die Spannungen dorthin zu legen, wo sie möglichst nur und ausgiebig im erwünschten, vorteilhaften Sinne wirken können. Das ist nicht immer in vollkommener Weise erreichbar und meist zwingen die räumlichen Gegebenheiten zu einer Zwischenlösung mit teilweisem Verzicht unter Abwägung der einzelnen widerstrebenden Forderungen gegeneinander. Es wurde vorhin schon angedeutet, daß Spannungen im Werkstück selbst sehr oft durch entsprechende Angriffsweise der äußeren Spannkräfte gering gehalten werden müssen. Vor allem sucht man Biegungsbeanspruchungen des Werkstückes durch die Spannkräfte zu vermeiden, wo es irgend geht, d. h. man wählt die Kraftangriffsstelle so, daß eine Abstützung unmittelbar gegenüberliegt. Auch im Vorrichtungskörper muß man wegen der notwendigen Starrheit (Genauigkeit!) die Spannungen gering halten, was im allgemeinen durch entsprechend starke Querschnitte und steife Gestaltung, Kastenform, Rippen, Anker u. dgl. geschehen kann. Das gleiche gilt sehr oft auch für unmittelbar am Werkstück angreifende bewegliche Vorrichtungsteile, wie Spannbacken u. dgl., vor allem dann, wenn auch mit Bearbeitungskräften gegen diese Spannbacken gerechnet werden muß. Für die „Spannarbeitsspeicherung" bleiben daher im wesentlichen nur diejenigen Teile der Vorrichtung, durch die die beweglichen Spannteile angestellt werden, d. h. die Schrauben, Keile, Exzenter und ggf. Übertragungsglieder wie Hebel, Stangen, Gelenkbolzen u. a. Wenn, wie es oft aus Platzgründen nicht anders möglich ist, die die Spannkraft erzeugenden Schrauben, Keile usw. unmittelbar am Werkstück angreifen müssen, kann natürlich die Spannarbeitsspeicherung nur gering sein. Bei Anwendung dieser Spannmittel kann man daher auch von „Spannung ohne Arbeitsspeicher" sprechen. Grundsätzlich anders und wesentlich günstiger liegen die Dinge, wenn man anstelle der Spannkrafterzeugung durch Handkraft mit den eben genannten Mitteln äußere Kräfte heranzieht, vor allem Preßluft oder Druckflüssigkeit (sog. kraftbetätigte Spannung, s. S. 25). Dann wird die „Spannarbeitsspeicherung" durch innere Spannungen in den Bestandteilen der Vorrichtung überflüssig, weil die Aufrechterhaltung der notwendigen Kraft durch den stets in gleicher Höhe wirkenden Druck des Antriebsmittels auf den Kolben im Spannzylinder in viel vollkommenerer Weise gesichert wird, (s. Abb. 62). Bei Arbeitsspeicherung durch Spannungen in Bauteilen muß immer mit der Möglichkeit eines Absinkens der Kraft wie bei jeder sich entspannenden Feder gerechnet werden. Diese Gefahr besteht nicht beim Spannen mit Druckmitteln, die von einer besonders angetriebenen Pumpe oder einem außerhalb liegenden großen Speicher geliefert werden. Dabei können gleichzeitig die Bestandteile der Spannvorrichtung beliebig starr gemacht werden, da eine Arbeitsspeicherung in ihnen nicht mehr nötig ist. Die Forderungen nach größtmöglicher Starrheit und größtmöglicher Speicherung von Spannarbeit widersprechen sich hier nicht, da verschiedene Mittel die beiden Aufgaben unabhängig voneinander lösen. Im Gegensatz zu der oben sogenannten „Spannung ohne Arbeitsspeicher" bezeichnet man deshalb die Spannung mit Druckmitteln auch als „Speicher-Spannung".

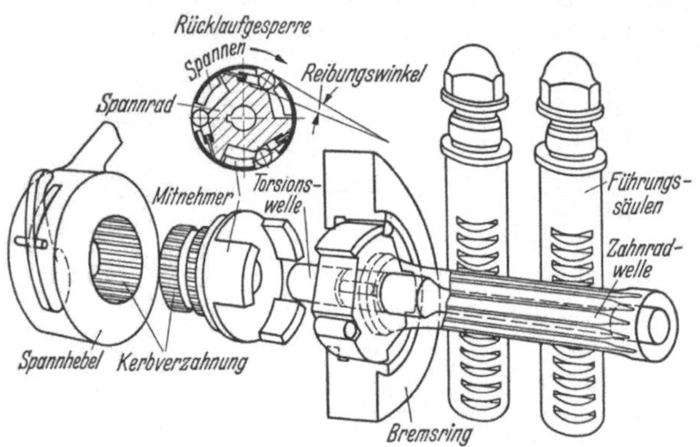

Abb. 7. Mechanische Speicherung von Spannarbeit mittels Drehstabfeder in einer genormten Bohrvorrichtung.
Der Weg der Kraft: Von der *Hand* über den *Spannhebel* und die Kerbverzahnung zum *Mitnehmer*. Vom Mitnehmer über das *Rücklaufgesperre* sowie Nut und Feder auf die *Torsionswelle* (Drehstabfeder) als Arbeitsspeicher. Vom rechten Ende der Torsionswelle über Kerbverzahnung zur *Zahnradwelle*. Von der Zahnradwelle auf die *Führungssäulen* und die daran befestigte *Bohrplatte* auf das *Werkstück*.

Es sei hier gleich noch erwähnt, daß ähnliche Eigenschaften auch ohne Anwendung von Druckmitteln dadurch erreicht werden können, daß man zwischen die Spannkrafterzeugung und die eigentliche Spannvorrichtung Hilfsglieder einschaltet, die in besonderem Maße spannarbeitsspeichernd wirken können, ohne daß ihre damit unweigerlich verbundene Nachgiebigkeit sich schädlich auswirken kann. Als Beispiele seien genannt: Die Spannwirtel in manchen Vorderendfuttern und Zangenspannvorrichtungen auf Revolverdrehbänken; die Verbindungsstange und gegebenenfalls ein besonderes Federpaket zwischen Elektrospanner und Futter (S. 27). Ein anschauliches Beispiel eines mechanischen Arbeitsspeichers enthält die Schnellspann-Bohrvorrichtung System Peiseler (Antriebsschema Abb. 7). In den Kraftweg vom Handhebel zu der die Spannplatte tragenden Führungssäule ist hinter einem Rücklauf-Gesperre eine Drehstabfeder eingebaut. Alle zur Haltung und Führung des Werkstückes und Werkzeuges dienenden Teile sind starr. Die ganze Elastizität, die dem Arbeiter das Gefühl einer weichen, sicheren Spannung gibt, liegt in der Feder.

Bei jeder Spannvorrichtung, bei der die Kraftlieferung durch die betätigende Hand vor Beginn der Arbeit aufhört, muß man selbstverständlich durch Anwendung von *Selbsthemmung* das Zurückweichen der Spannteile verhindern. Sie ergibt sich in den meisten Fällen ganz von selbst aus der für die Spannkrafterzeugung notwendigen Übersetzung der Schrauben, Keile usw. Bei den Speicherspannungen mit einem Druckmittel dagegen kann auf die Selbsthemmung vielfach verzichtet werden, denn hier sorgt ja die ununterbrochene Kraftwirkung des Druckmittels dafür, daß die Spannkraft in voller Höhe während der Arbeit bestehen bleibt. Es kommt hinzu, daß in der eigentlichen Spannvorrichtung hierbei oft keine oder nur eine geringe Übersetzung nötig ist, weil die Kraft bereits in der vollen benötigten Höhe eingeleitet wird.

Es gibt sogar Anwendungen, bei denen Selbsthemmung verhindert werden muß, beispielsweise um durch Herabsetzung des Luftdruckes nach dem Schruppen ein „Entspannen" des Werkstückes erreichen zu können, so daß es bei der Fertigbearbeitung unter geringerem Spanndruck nicht verformt wird, oder um einen mechanischen Kraftausgleich zwischen mehreren vom gleichen Kolben aus angetriebenen Spannteilen zu erreichen. Vor allem die erste Möglichkeit ist allerdings praktisch nur sehr selten gegeben (S. 27). Andererseits darf aber auf die Selbsthemmung dann nicht verzichtet werden, wenn die Schnittkraft, eine ihrer Nebenkräfte oder ein Moment dieser Kräfte gegen die Spannkraft gerichtet ist. Das Außerachtlassen dieser Bedingung bedeutet einen Verstoß gegen die Forderung nach „starrer" Spannung und ist als Ursache manchen Fehlschlages, besonders bei der Anwendung von Preßluftspannungen, anzusehen. In diesem Zusammenhange muß auch an das erinnert werden, was schon im Abschn. 2 gesagt wurde, daß nämlich bei vielen Arbeitsgängen überhaupt nicht zu übersehen ist, in welchen Richtungen und in welcher Größe Kräfte auftreten.

Auf die Selbsthemmung darf u. U. auch dann nicht verzichtet werden, wenn damit gerechnet werden muß, daß die Druckmittelzufuhr unterbrochen werden kann, etwa in Betriebspausen; selbst wenn Sicherheit besteht, daß bei Wiederingangsetzung der Maschine der Druck wieder da ist, könnte das eingespannte Werkstück vielleicht inzwischen seine Lage verändert haben, wenn nicht Selbsthemmung im Spanngetriebe das verhindert.

5. Spannzeit, menschliche Anstrengung. Bei jeder Arbeit dient die dafür aufgewendete Zeit als Kostenmaßstab. Echte Leistungssteigerungen oder, was dasselbe ist, Verbilligungen sind stets nur durch schnellere, zeitsparende Arbeitsweise möglich. Bei maschineller Arbeit unterscheidet man zwischen Hauptzeiten und Nebenzeiten. Ist man schon bestrebt, die Hauptzeiten auf das unbedingt notwendige Maß zu beschränken, so muß man das erst recht bei den Nebenzeiten tun, während denen die Maschine ja nicht ausgenutzt ist. Das ist um so wichtiger, je kürzer die Hauptzeit ist, weil dann der verhältnismäßige Anteil der Nebenzeiten an der Gesamtzeit entsprechend groß ist.

Bei den meisten Maschinen und Arbeitsvorgängen ist die hauptsächlichste Nebenzeit die für das Ein- und Ausspannen der Werkstücke. Jede hier mögliche Zeitersparnis ist daher von größter wirtschaftlicher Bedeutung. Auch in dieser Hinsicht ist die bereits erwähnte kraftbetätigte Spannung der Handspannung weit überlegen. Sie erzeugt die notwendige Spannkraft durch eine einzige einfache Bewegung, braucht also zum Spannen und Lösen nur Sekunden, während bei Handbetätigung nur in Ausnahmefällen eine einzige Hebelbewegung ausreicht. Wo nennenswerte Toleranzen zu überbrücken sind, wird der Spannweg größer und zwingt zur Anwendung von Schrauben u. dgl., so daß die betätigende Hand mehrmals nachfassen bzw. mehrere Bewegungen ausführen muß, was zwangsläufig mehr Zeit erfordert.

Bei Teilen mit kurzen Laufzeiten kann auch die Anstrengung des bedienenden Menschen dadurch zu groß werden, daß die Spannvorgänge einander zu schnell folgen. Bei der Steigerung von Maschinenleistungen muß man immer prüfen, ob auch der bedienende Arbeiter dem gesteigerten Tempo gewachsen sein wird.

In dem Streben, die Maschine möglichst ununterbrochen arbeiten zu lassen, wird oft ein möglichst großer Teil der Nebenarbeiten in die Schnittzeit verlegt, z. B. bei Mehrspindelautomaten und bei Fräs- oder Bohrmaschinen mit Schwenktischen oder beim Pendelfräsen. Wenn auch dabei die Spannzeit die Leistung der Maschine nicht immer unmittelbar beeinflußt, verdient sie dennoch sorgfältige Beachtung.

Einmal ist die Gesamtzeit je Werkstück bei dieser Arbeitsweise kürzer, es muß also häufiger gespannt werden als sonst (Anstrengung des Arbeiters). Zweitens ist der Arbeitstakt meist festliegend, d. h. der Werkstückwechsel muß bestimmt vor dem Bearbeitungsvorgang beendet sein, will man nicht wieder auf die an sich mögliche Mehrleistung verzichten. Drittens aber soll der Arbeiter niemals ununterbrochen mit dem Wechseln von Werkstücken beschäftigt sein, sondern er soll die Möglichkeit haben, zwischendurch den Arbeitsvorgang und die ganze Maschine zu beobachten, damit er irgendwelche Störungen sofort erkennt und abstellen kann. Schließlich ist die Inanspruchnahme durch den Werkstückwechsel entscheidend für die Möglichkeit der gleichzeitigen Bedienung bzw. Überwachung mehrerer Maschinen durch einen Arbeiter oder allgemeiner für den Leistungsgrad des Menschen im Betriebe. Der Mensch soll durch keinen Vorgang länger gebunden oder mehr angestrengt werden als unbedingt nötig ist. Das Einführen und Herausnehmen der Werkstücke bei unseren meisten Maschinen und Arbeitsvorgängen verlangen noch Hand und Auge des Menschen. Es ist Aufgabe des Betriebsmittelgestalters bzw. des Einrichters, dafür zu sorgen, daß sie nicht mehr in Anspruch genommen werden, als für die sichere Durchführung der Arbeit erforderlich ist. Dieses Ziel ist am einfachsten und sichersten durch die fast überall anwendbare kraftbetätigte Spannung zu erreichen, mit der man Anstrengung und Zeitaufwand für den Werkstückwechsel auf ein Mindestmaß herunterbringen kann.

Verhältnismäßig selten kommt man ganz ohne menschliche Bedienung aus, so daß die Werkstücke selbsttätig gewechselt werden. Zu der Spannvorrichtung tritt dann als Ergänzung die *Ladevorrichtung*, die das Werkstück in die Spannvorrichtung einführt und wieder herausnimmt und wobei alles zusammen selbsttätig im richtigen Takt gesteuert wird.

6. Werkstück und Spannmöglichkeit. Es kommt oft vor, daß Werkstücke, die ein fertigungstechnisch nicht genügend erfahrener Konstrukteur festgelegt hat, zwar ihren Betriebszweck einwandfrei erfüllen, aber sehr schwierig herzustellen sind. Einer der häufigsten Mängel ist der, daß das Rohteil sich schlecht spannen läßt. In solchen Fällen sollte durch Verständigung zwischen Konstruktion und Fertigung eine Änderung der Werkstückform herbeigeführt werden, bevor ein dauernder, unnötig hoher Arbeitsaufwand in der Fertigung entsteht. Vor allem strebe man danach, das Werkstück so zu gestalten, daß man mit üblichen Spannzeugen und allenfalls einfachen Zusatzteilen wie Formbacken, Anschlägen u. dergl. auskommt, damit der Zeitaufwand und das Risiko für die Beschaffung von Sonderspannvorrichtungen erspart werden. Wenn die dem Betriebszweck entsprechende Gebrauchsform des Werkstückes das nicht ohne weiteres gestattet, so wird oft einer der beiden folgenden Wege gangbar sein:

Abb. 8. Erleichtertes Spannen durch angegossene Füße *f*, die nach beendeter Bearbeitung abgesägt werden.

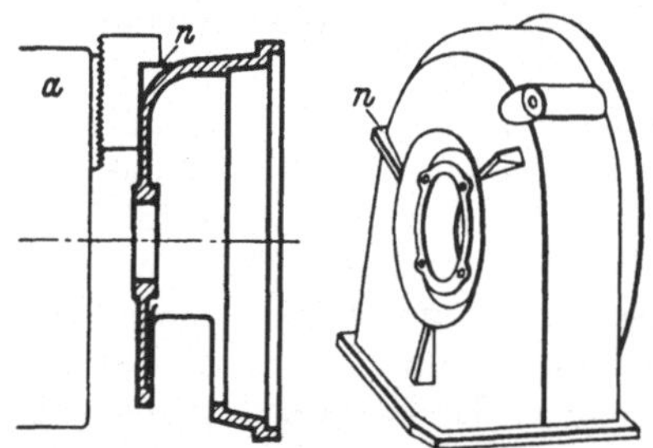

Abb. 9. Erleichtertes Spannen durch angegossene Nocken *n*, die auch am fertigen Werkstück bleiben.

a) Bei Gußstücken kann man Hilfsnocken, Füße, Stege od. dgl. anbringen, die entweder später wieder entfernt werden, manchmal aber sogar bleiben können (Beispiele Abb. 8 und 9). Abb. 9 ist besonders bemerkenswert. Sie zeigt das Lagerschild eines Elektromotors, das mit drei Rippen versehen ist, an denen dieses sonst sehr schwer aufzunehmende und empfindliche Teil mit ganz einfachen niedrigen Backen denkbar günstig im Dreibackenfutter gespannt werden kann. Hier ist außerdem hervorzuheben, daß durch diese Art des Backenangriffes in der Ebene der starken Rückwand die Gefahr des Verspannens völlig beseitigt wird, die bei den geringen Wandstärken dieser Schilde und der geforderten hohen Genauigkeit zwischen Einpaß und Lagersitz besonders groß zu sein pflegt. Bei dem abgebildeten Lagerschild werden die Nocken nach der Fertigbearbeitung nicht entfernt, da sie in keiner Weise stören.

b) Ein zweiter Weg, das Spannen zu erleichtern, besteht darin, daß man vor der eigentlichen Hauptbearbeitung in einem Hilfsarbeitsgang eine oder mehrere Flächen am Werkstück anbringt, die als Spannfläche oder Anlagefläche bei der Hauptbearbeitung dienen und einmal infolge ihrer höheren Genauigkeit ein leichteres einwandfreieres Bestimmen des Werkstückes ohne mühsames Ausrichten, unter Umständen außerdem auch eine sichere Abstützung und Übertragung der Schnittkräfte ermöglichen. Ein kennzeichnendes Beispiel hierfür zeigt Abb. 10. Eine Leitrolle mit seitlichen Bunden ist in großen Stückzahlen auf einem Automaten zu drehen. Die Außenform wird mittels eines breiten Formmessers im Einstechverfahren gedreht. Der hierbei auftretende hohe radiale Schnittdruck könnte bei der erforderlichen kurzen Einspannung unmöglich aufgefangen werden, wenn man das rohe Teil einspannen würde. Deshalb wird in einem Vorarbeitsgang auf einer einfachen Drehbank eine schwalbenschwanzförmige Eindrehung angebracht, und die Backen des Futters werden auf dem Automaten entsprechend ausgedreht. So ergibt sich ein außerordentlich sicheres Spannen. Der zusätzliche Arbeitsaufwand für den Vorarbeitsgang wird durch den Gewinn bei der Hauptbearbeitung weit aufgewogen. Dieses Verfahren ist unter Umständen auf andere schwierige Fälle zu übertragen.

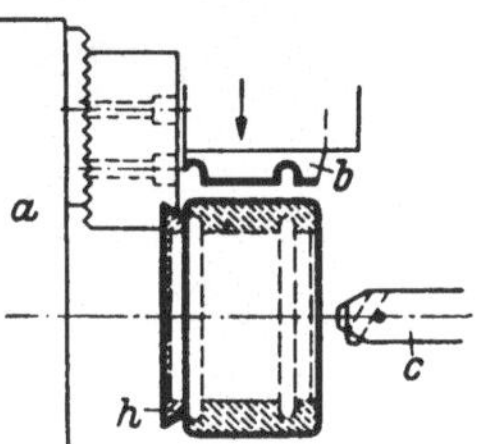

Abb. 10. Erleichterte Spannung und sichere Abstützung durch spanntechnisch günstige Vorform des Werkstückes.
a Dreibackenfutter, *b* Formstahl, *c* Bohrstange, *h* Hilfskegel, in Voroperation angedreht, wird beim Drehen der zweiten Seite entfernt.

II. Spannen zur Rundbearbeitung zwischen Spitzen.

Bei der Rundbearbeitung unterscheidet man Spitzen-, Stangen- und Futter- oder „fliegende Arbeit".

Die Spannmittel für *Stangenarbeit* sind mehr oder weniger Bestandteile der betreffenden Maschinen. Über sie wäre nur wenig allgemein Interessierendes zu sagen, weshalb wir uns ihre Behandlung ganz ersparen wollen.

Spitzenarbeit kommt unter verschiedensten Formen vor. Bei Rundschleifmaschinen stehen beide Spitzen still, weil beim Schleifen um diese sogenannten „toten Spitzen" die höchste Genauigkeit erreicht werden kann. Deshalb sind die Spindeln dieser Maschinen grundsätzlich anders konstruiert als die der Drehbänke, Revolverbänke usw. Bei schnellaufenden Drehbänken und bei allen Hochleistungsmaschinen verwendet man heute auch auf der Reitstockseite nur noch mitlaufende Körnerspitzen, bei denen also keine Gleitbewegung zwischen Werkstück und Körnerspitze stattfindet (s. Abschn. 8).

In besonderen Fällen verwendet man an Stelle der einfachen kegeligen Spitzen auch andere Hilfsmittel zum gleichen Zweck. Auch die Mittel für die Übertragung des Drehmomentes von der Spindel zum Werkstück sind recht verschieden.

7. Gewöhnliche Aufnahme. Die Reitstockspitze an der Drehbank wird starr gegen das Werkstück gedrückt. Tritt während des Drehens an irgendeiner Stelle ein Verschleiß der Lagerung ein, so wird das Werkstück locker und die Arbeit ungenau oder es entsteht sogar die Gefahr des Werkzeugbruches. Deshalb muß die Reitstockspitze während der Arbeit nachgestellt werden. Starke Wärmeausdehnung des Werkstückes bei der Bearbeitung kann auch das Gegenteil bewirken und nicht nur die Lagerung der Spitze, sondern auch die der Hauptspindel übermäßig belasten.

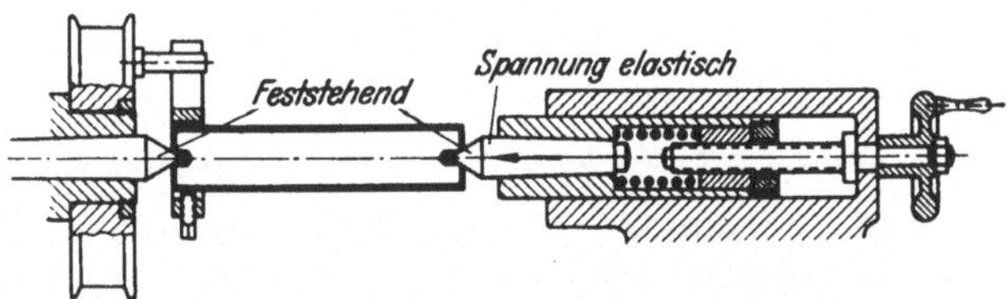

Abb. 11. Elastische Anstellung der Reitstockpinole bei der Rundschleifmaschine.

Diese Mängel machen sich vor allem da nachteilig bemerkbar, wo es auf höchste Genauigkeit ankommt: bei Rundschleifmaschinen. Deshalb hat man dort schon lange eine elastische Anstellung der Reitstockspitze, entweder durch Zwischenschaltung einer Feder nach Abb. 11, oder bei größeren

Maschinen durch Flüssigkeitsdruck. Ebenso macht sich die Unzuverlässigkeit einer starr angestellten Reitstockspitze bei allen Hochleistungsdrehmaschinen bemerkbar. Da hier die erforderliche Kraft besonders groß und andererseits auch schnelle mühelose Bedienung notwendig ist, verwendet man vorzugsweise Preßluftanstellung der Pinole, und zwar für geringere Genauigkeitsansprüche in einfacher Form nach Abb. 12, für höhere Ansprüche mit zusätzlicher selbsttätiger Festklemmung nach Abb. 13.

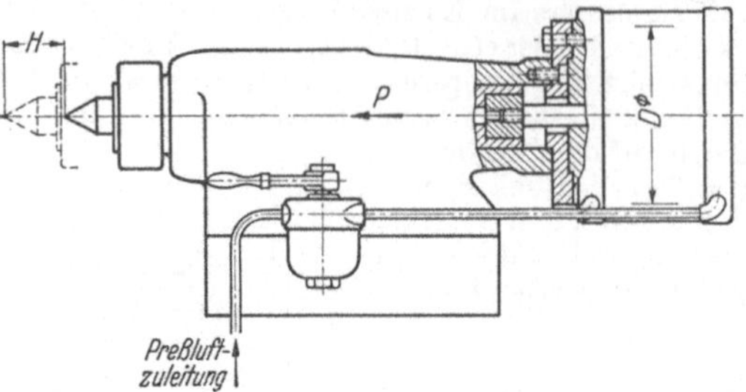

Abb. 12. Anstellung der Reitstockpinole einer Drehbank mittels Preßluft.

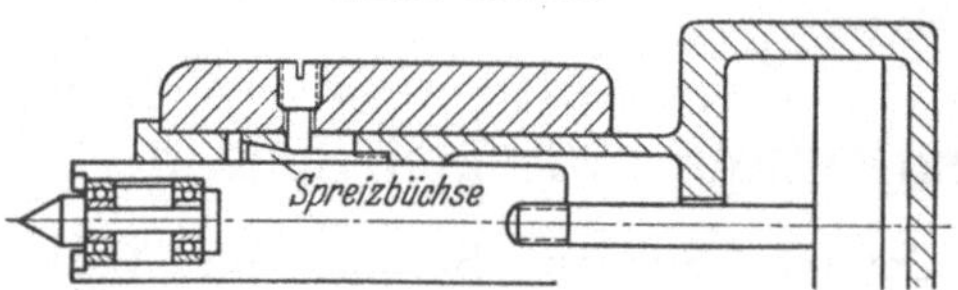

Abb. 13. Preßluftbetätigte Reitstockpinole mit selbsttätiger Festklemmung durch den Rückdruck des Zylinders.

Um die Stirnflächen von Wellen vollständig bearbeiten zu können, ohne daß ein Körnerpfropfen stehen bleibt, wie man ihn häufig an gedrehten Wellen sieht, werden im Reitstock auch sogenannte halbe Spitzen verwendet. Sie gestatten es, mit dem Drehstahl bis zur Mitte zu kommen.

Die Drehbankspitzen sind nach DIN 806, 807 und 809 genormt.

8. Mitlaufende Reitstockspitzen. Wie das Rundschleifen zwischen „toten“, also stillstehenden Spitzen, so ergibt auch beim Drehen die stillstehende Reitstockspitze die genaueste Arbeit, da deren Güte nur von der leicht zu überwachenden Form der Spitze und des Körnerloches abhängt. Leider ist aber dieses „Spitzenlager“ nur sehr beschränkt belastbar; bei Überschreitung gewisser Drehzahlen und Anpreß- oder Schnittdrücke quetscht sich das Schmiermittel heraus, die Spitze oder das Körnerloch oder beide laufen aus, und dann kann auch von Genauigkeit keine

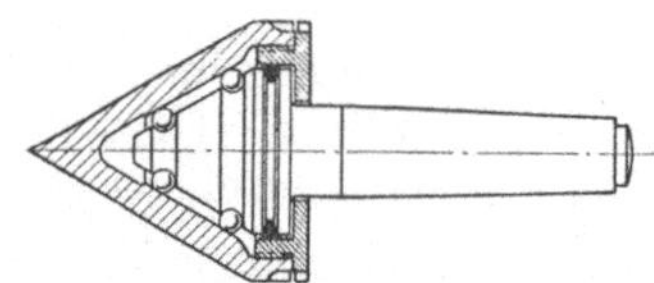

Abb. 14. Einfache mitlaufende Körnerspitze.

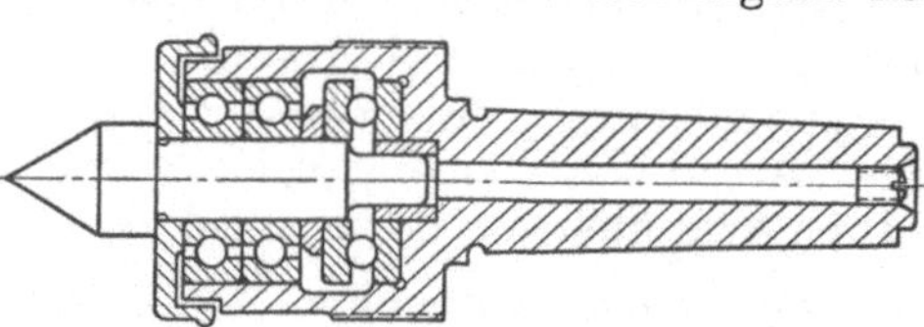

Abb. 15. Übliche mitlaufende Körnerspitze.

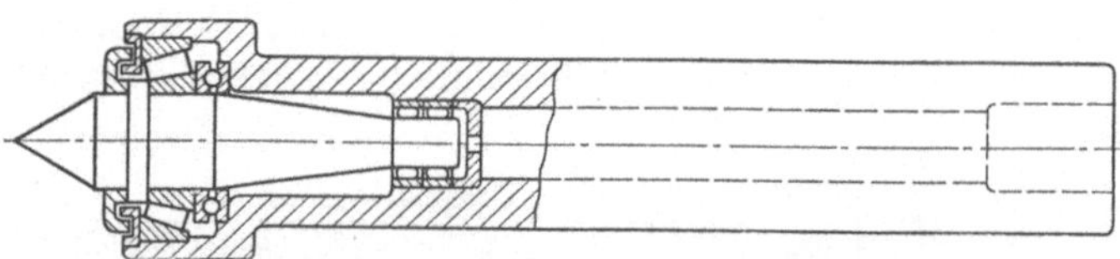

Abb. 16. Mitlaufende Körnerspitze in die Reitstockspindel eingebaut.

Rede mehr sein. Die für wirtschaftliches Arbeiten heute notwendigen Drehzahlen und Kräfte liegen, von seltenen Sonderfällen abgesehen, weit über der Leistungsfähigkeit der festen Spitzenlagerung. Man muß deshalb in der Regel mit sogenannten mitlaufenden Reitstockspitzen arbeiten, bei denen die Bewegung durch Wälzlager von ausreichender Tragfähigkeit ermöglicht wird. Die Arbeitsgenauigkeit wird dann natürlich auch von der Genauigkeit und dem Zustand der Wälzlager mit beeinflußt. Frühere Schwierigkeiten infolge Unzulänglichkeiten der Lagerung sind heute dank der konstruktiven und fertigungsmäßigen Erfahrungen der Hersteller der Wälzlager und der mitlaufenden Körnerspitzen selbst überwunden. Selbstverständlich gibt es verschiedene Qualitäten — wie bei allen Werkzeugen — und hohe Leistungen erfordern mitlaufende Körnerspitzen, die sorgfältig konstruiert und hergestellt sind. Eine einfache Ausführung (Abb. 14) kann nur für leichte Arbeiten und mäßige Ansprüche ausreichen. Diese Form mit stillstehendem Mittelzapfen kommt nur für die Bearbeitung von Rohren oder Werkstücken mit großen Bohrungen in Betracht. In der Regel ist der stillstehende Teil als Lagergehäuse und die umlaufende Spitze als Lagerzapfen oder Welle ausgebildet (Abb. 15 und 16). Heute werden bei allen hochwertigen Körnerspitzen Querkraft und Längskraft von mehreren Wälzlagern gleichzeitig aufgenommen, wobei man die verschiedensten Lagerarten anwendet. Das Lagerspiel und die Verteilung der Kraft auf die verschiedenen Lager stellen sich meist selbsttätig ein.

Sehr vorteilhaft ist die bei mehreren neuzeitlichen Bauarten vorgesehene federnde Abstützung der Lager im Gehäuse, denn sie verhindert eine übermäßige Beanspruchung der Lager nicht nur durch zu starkes Anziehen der Pinole, sondern auch bei Verlängerungen der Welle durch die Bearbeitungswärme. Mindestens eine Bauart ist sogar mit einem Meßgerät versehen, an dem die Axialkraft jederzeit abgelesen werden kann.

Eine Ursache für manche Schwierigkeiten und manches Vorurteil gegen die Verwendung mitlaufender Körnerspitzen ist der große Überhang über die Pinole, der sich zwangsläufig aus dem Platzbedarf für die Lagerung ergibt. Bei älteren Maschinen ist der Befestigungskegel in der Pinole nur für die kurz vorstehende feste Spitze bemessen und daher viel zu klein, um die weit ausladende mitlaufende Spitze genügend starr zu halten. Die Folge davon ist häufig, daß die Spitze zu nachgiebig ist und Anlaß zu Schwingungen des Werkstückes gibt. Es gibt auch Spitzen, die nicht im Kegel, sondern am Außendurchmesser der Pinole befestigt werden; das ist schon wesentlich starrer. Die einzig richtige Lösung aber ist der Einbau der Spitzenlagerung unmittelbar in die Pinole selbst, nach Abb. 16, der bei vielen Maschinen heute bereits die Regel ist.

Bei Anwendung mitlaufender Spitzen verschleißen die Körnerlöcher nicht. Das hat in manchen Fällen ausschlaggebende Bedeutung. Ein Beispiel ist das Drehen exzentrischer Wellen mit einer genau bestimmten Exzentrizität. Sind die die Exzentrizität der Wellen bestimmenden Körner auch genau angerissen und gebohrt, so behalten sie beim Drehen zwischen gewöhnlichen Körnerspitzen doch keineswegs den genauen Abstand bei. Infolge der ungleichmäßigen, einseitigen Schnittkräfte beim Abschruppen des überschüssigen Werkstoffes am Exzenter wird die Körneranlagefläche auch einseitig abgenutzt und der Abstand der Körner voneinander verringert (Abb. 17). Die Körner müssen dann wieder zurückgeschabt werden, eine zeitraubende Arbeit, die durch Benutzung der umlaufenden Spitze ganz vermieden werden kann.

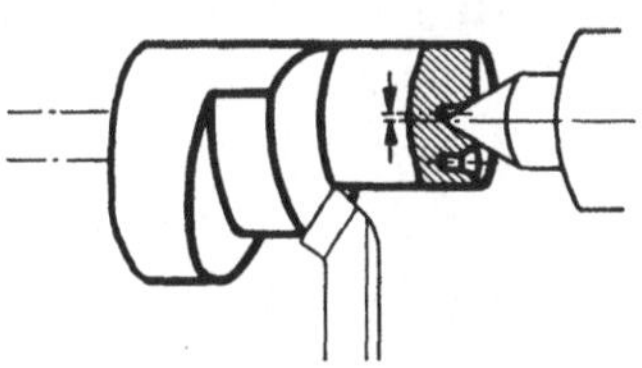

Während es beim Schleifen zwischen toten Spitzen aus Gründen der Genauigkeit und zur Verringerung der Reibung empfehlenswert ist, das Körnerloch möglichst klein zu halten, sollte man bei Verwendung mitlaufender Spitzen beim Drehen zwecks sicherer Abstützung das Körnerloch stets so groß machen, wie es sich mit dem Verwendungszweck des Werkstückes noch vereinbaren läßt. Außerdem kann die mitlaufende Körnerspitze auch mit Sonderaufnahmen, wie großen Kegelstumpfen, Hohlkegeln und anderen dem Werkstück angepaßten Formen aus-

Abb. 17. Einseitiger Verschleiß beim Drehen mit fester Körnerspitze.

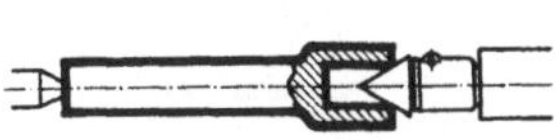

Abb. 18. Bei umlaufender Spitze spielt der Durchmesser des Aufnahmeloches keine Rolle.

gestattet werden, wodurch sie — allgemeiner gesprochen — zum Reitstockstütz-
werkzeug wird. Die Größe der Berührungsfläche von Werkstück und Stützwerkzeug ist ja belanglos, auch Beschädigungen fertig bearbeiteter Flächen des Werkstückes, an denen man das Stützwerkzeug angreifen läßt, sind bei mitlaufendem
Stützwerkzeug nicht zu befürchten (Beispiel Abb. 18).

9. Mitnehmer. Für das Mitnehmen der in den Spitzen aufgenommenen Welle, also zum Übertragen des Drehmomentes der Schnittkraft, ist das Dreh- oder Spannherz in verschiedenen Ausführungsformen (Abb. 19 und 20) gebräuchlich. Bei starken Wellen, besonders bei Vierkantwellen, verwendet man aber auch besondere Schellen (Abb. 21 und 22) oder, gegebenenfalls unter Verzicht auf die Benutzung der Spindelstockspitze, die Planscheibe (Abb. 23). Das Drehherz hat besonders bei den heutigen Drehzahlen den Nachteil großer Unfallgefahr, deshalb sind verschiedene Bauarten von Sicherheitsdrehherzen und Sicherheitsmitnehmern entstanden. Unter Beibehaltung der herkömmlichen Arbeitsweise gibt eine Gruppe dem Mitnehmer nur eine glatte, runde Außenform (Beispiel Abb. 24), mit zwei oder drei mittig bewegten Backen, wodurch der Schlag des Mitnehmerkörpers gering gehalten werden soll. Bei anderen Sicherheitsmitnehmern sind an

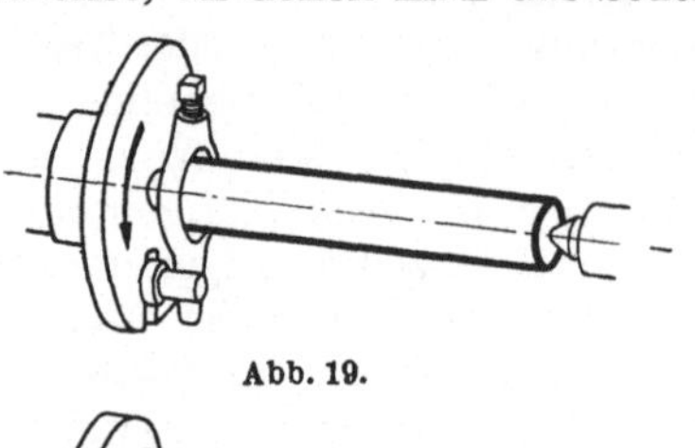

Abb. 19.

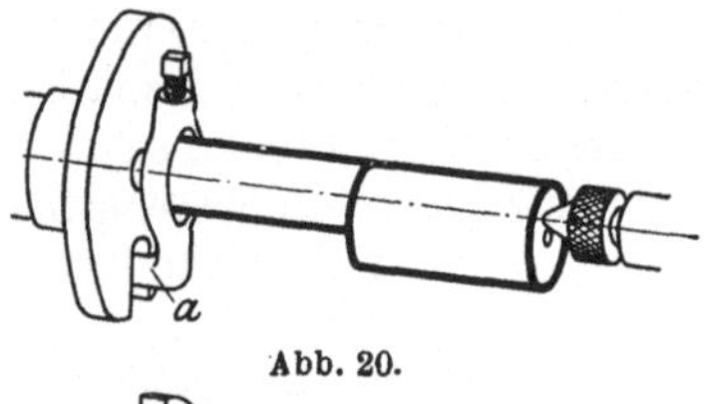

Abb. 20.

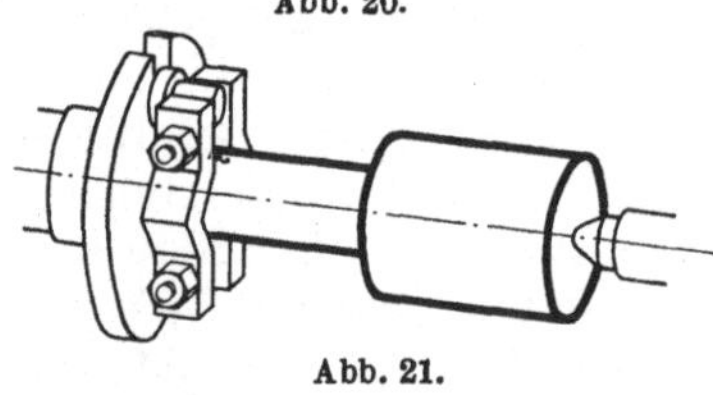

Abb. 21.

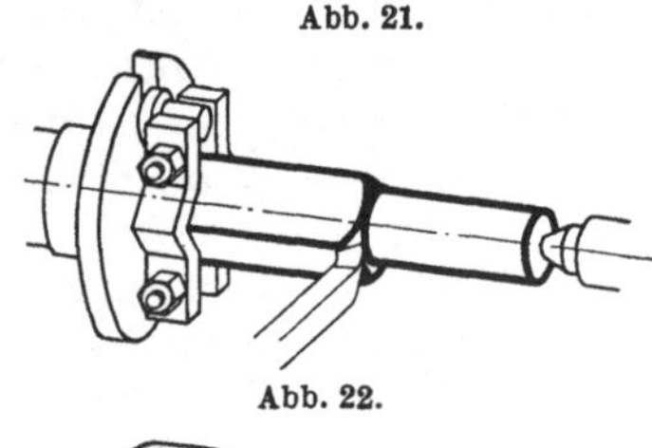

Abb. 22.

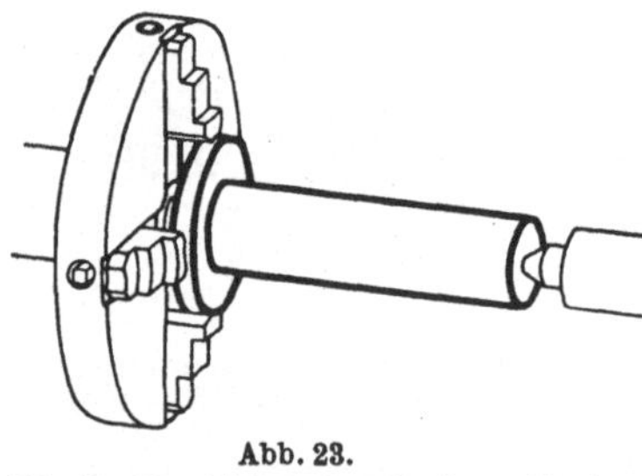

Abb. 23.

Abb. 19—23. Einfachste Mitnehmer für das
Drehen oder Schleifen zwischen Spitzen sind
Drehherz, Schelle oder Planscheibe.

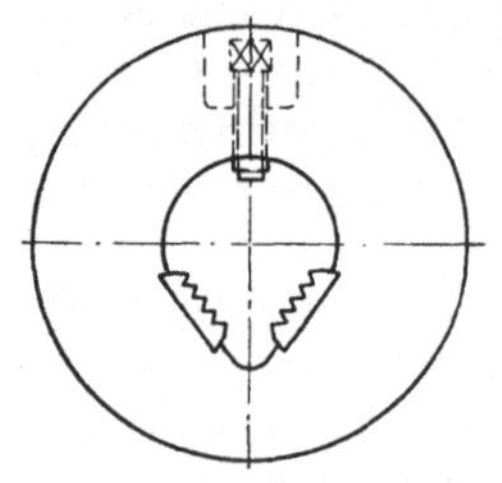

Abb. 24. Sicherheitsdrehherz.

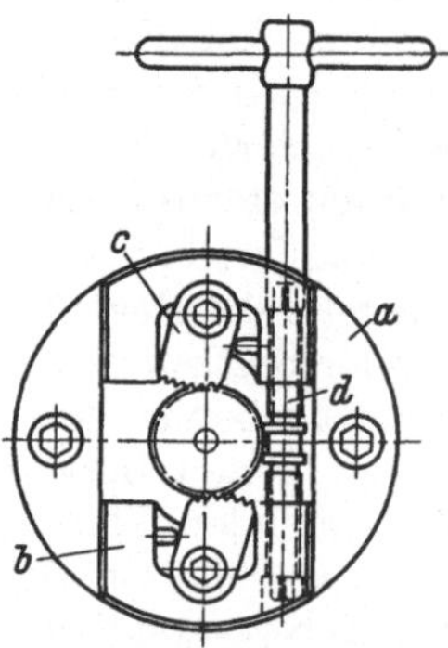

Abb. 25. Gesperremitnehmer.
Im fest an der Spindel an-
gebrachten Körper *a* führen
sich zwei Schieber *b*, die die
Sperrbacken *c* tragen und
durch Spindel *d* gemeinsam
gegen das Werkstück ange-
stellt werden. Die Sperrbacken
ziehen sich durch die Schnittkraft fester. Schieber und
Spindel führen gemeinsam
Ausgleichbewegung im Körper
aus.

Stelle fest anzuziehender Schrauben oder Backen Gesperrebacken vorgesehen, die
nur leicht angestellt werden und sich durch die Schnittkraft selbsttätig fester ziehen.
Auch diese Mitnehmer haben aber noch den Nachteil des großen Zeitaufwandes für
das Aufklemmen und Abnehmen außerhalb der Maschine. Auch beseitigen sie
die Unfallgefahr nicht ganz; bei etwaigem Herausspringen des Werkstückes aus
den Spitzen gewähren sie keinen Halt und vergrößern noch die gefährliche schleu-
dernde Masse. Diese Nachteile beseitigen insbesondere die Gesperremitnehmer nach
Abb. 25, die auf der Maschinenspindel bleiben, nach Art eines Futters geöffnet und

geschlossen werden und sich unter der Schnittkraft selbsttätig fester ziehen. Noch bequemer sind kraftbetätigte Ausgleich-Zweibackenfutter nach Abb. 66. Sie haben zusätzlich den Vorteil, das Werkstück unabhängig von der Schnittkraft und von Zufälligkeiten der Oberflächenbeschaffenheit usw. sicher zu halten.

10. Spitzendrehdorne. Das Drehen zwischen Spitzen ist besonders bequem, wenn einzelne oder wenige gleiche Werkstücke zu bearbeiten sind, weil diese Art der Aufspannung die geringste Vorbereitungs- bzw. Umstellarbeit erfordert, wenn die Abmessungen der Werkstücke ständig wechseln.

Aus diesem Grunde wendet der Dreher das gleiche Verfahren gern auch bei Werkstücken an, die ihrer Form nach eigentlich im Futter gespannt werden müßten, und zwar vornehmlich bei Teilen mit durchgehender Bohrung, wie Rädern, Scheiben, Büchsen usw. Die Teile werden dazu auf den sogenannten Drehdorn gesetzt, der seinerseits in den Spitzen aufgenommen wird. Dabei ergibt sich der zusätzliche Vorteil, beide Seiten des Werkstückes in der gleichen Aufspannung oder nach einfachem Umdrehen ohne Abnehmen vom Dorn genau laufend zueinander bearbeiten zu können, weshalb dieses Verfahren besonders dann bevorzugt wird, wenn ein genau spannendes Futter nicht zur Verfügung steht. Man muß aber in Kauf nehmen, daß die Bohrung in einem vorhergehenden Arbeitsgang für sich hergestellt werden muß, und zwar einschließlich des Kantenbruches an beiden Enden. Das ist ein erheblicher zusätzlicher Aufwand, der bei Bearbeitung im Futter praktisch ganz wegfällt, weil man dort die Bohrung meist mit den übrigen Flächen gleichzeitig bearbeiten kann. Deshalb sollte man das Drehen auf dem Spitzendrehdorn im allgemeinen nur bei Einzelfertigung, Instandsetzungsarbeiten u. dgl. dulden.

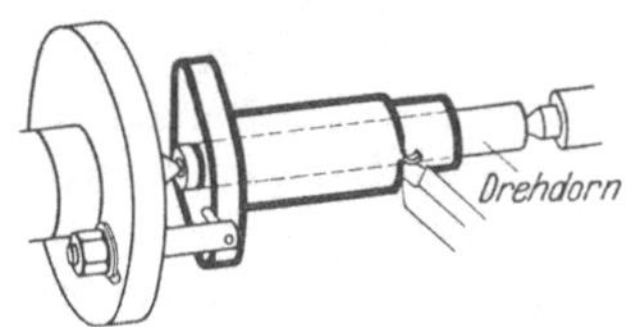

Abb. 26. Anwendung eines gewöhnlichen Drehdornes bei einem Werkstück das unmittelbar mitgenommen werden kann.

Der herkömmliche Drehdorn nach Abb. 26 (DIN 523) ist schwach kegelig; Verjüngung je nach Durchmesser etwa 0,04—0,05 mm auf 100 mm Länge. Hierdurch werden Toleranzen der zu spannenden Bohrung leichter überbrückt. Dafür entsteht aber der Nachteil, daß die Längsstellung des Werkstückes auf dem Dorn ganz unbestimmt ist. Man hat deshalb verbesserte Drehdorne geschaffen, z. B. mit geschlitztem Schaft oder mit aufgesetzter geschlitzter Spreizbüchse nach Abb. 27 bzw. 28, und in neuester Zeit sogenannte *Dehndorne*, bei denen ein ungeschlitzter hohler Teil des Körpers durch inneren Druck aufgeweitet wird. Bei der patentierten Bauart *Stieber* (Abb. 29) wird der Innendruck rein mechanisch erzeugt, indem ein kegeliger Bolzen 3 auf gegen die Dornachse leicht schräggestellten harten Stahlrollen 4 in einem Innenkegel des Dornkörpers 2 gelagert ist, so daß beim Drehen des Bolzens eine schraubende Bewegung entsteht und der Körper mit einem verhältnismäßig geringen Drehmoment bis an die Elastizitätsgrenze des Werkoffes gedehnt werden kann. Diese Grenze bestimmt naturgemäß den Spannbereich des Dornes, der jedoch trotzdem bemerkenswert groß ist, siehe die Tabelle auf der folgenden Seite.

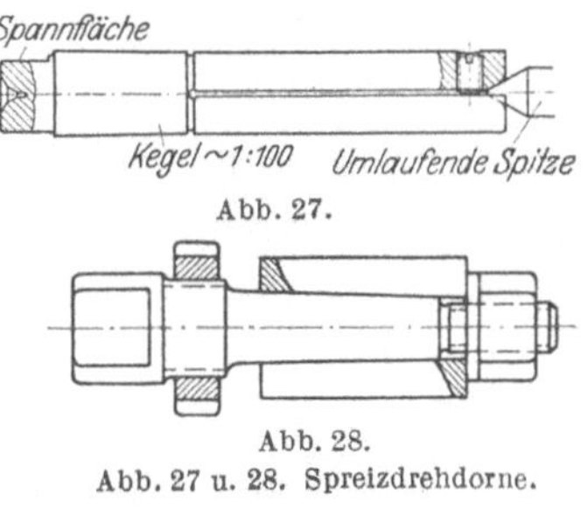

Abb. 27.

Abb. 28.

Abb. 27 u. 28. Spreizdrehdorne.

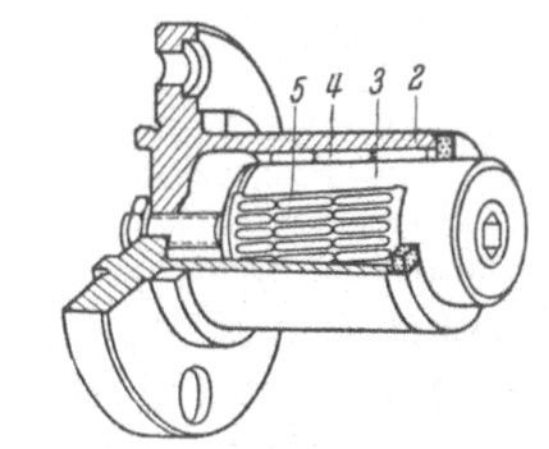

Abb. 29. STIEBER-Dehndorn, hier als Flanschdorn für fliegende Befestigung gezeichnet, wird mit gleicher Inneneinrichtung auch als Spitzendrehdorn hergestellt.

Der gedehnte Teil des Dornes ist ein Drehkörper ohne Schlitze, Nuten oder andere Unterbrechungen. Dadurch besitzen diese Dorne eine besonders hohe Form- und Rundlaufgenauigkeit, die sich auch im Gebrauche nicht verändern kann. Auch die Gefahr einer Genauigkeitsminderung durch Fremdkörper zwischen Spann-

fläche und Werkstückbohrung ist gering, weil man die völlig glatte Dornober-
fläche leicht sauberhalten kann.

<table>
<tr><td colspan="5">Angaben von Stieber für den Dehndorn</td></tr>
<tr><td>zu spannende Bohrung . . . .</td><td>30</td><td>60</td><td>90</td><td>120 mm ⌀</td></tr>
<tr><td>Spannbereich (Dehnung) . . .</td><td>0,06</td><td>0,12</td><td>0,18</td><td>0,24 mm</td></tr>
<tr><td>zulässige Toleranz der Bohrung</td><td>0,03</td><td>0,06</td><td>0,09</td><td>0,12 mm</td></tr>
<tr><td>das ist ISA Qualität . . . . .</td><td>7</td><td>8</td><td>9</td><td>9</td></tr>
</table>

Ähnlich liegen die Verhältnisse bei den Dehndornen Bauart HOFER (Abb. 30),
in denen durch Eindrehen einer Schraube ein hoher Öldruck erzeugt wird. Hier ist
ein zusätzlicher Vorteil, daß der Dehnteil auch in Längsrichtung überall gleichen
Querschnitt besitzt.

Eine wertvolle Ergänzung dieser ausgesprochenen Genauigkeitsspanndorne bildet der sog. Ringspanndorn Patent MAURER (Abb. 31). Eine Anzahl aufeinander-
geschichteter „Ringspannscheiben" nach Abb. 32, von innen und außen geschlitzt,
allseitig geschliffen und federhart, haben im freien Zustande die Form leicht kegeliger Teller. Durch axiales Anziehen werden sie „plattgedrückt", und da sie auf
dem Schaft schließend tragen, vergrößern sie dabei ihren Außendurchmesser. Auf
diese Weise können wesentlich größere Durchmesserunterschiede überbrückt werden als mit den Bauarten nach Abb. 29 und 30, so daß man mit den gleichen Ringspannscheiben alle praktisch vorkommenden Bohrungen des gleichen Nenndurch-
messers spannen kann. Bei 14 mm Spanndurchmesser beträgt die Gesamttoleranz,
die mit einer Ringspannscheibe überbrückt werden kann, 0,1 mm und bei 70 mm
Spanndurchmesser 0,2 mm: man kann etwa von der engsten Bohrung des Feldes
R 7 bis zur weitesten Bohrung des Feldes E 8 spannen. Darüber hinaus kann der
Ringspanndorn durch Auswechseln der Schei-
bensätze auch für verschiedene Nenndurch-
messer verwendbar gemacht werden. Die Genauigkeit ist sehr gut.

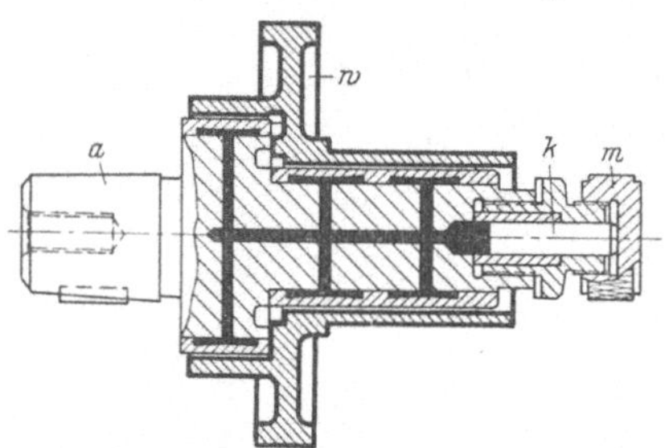

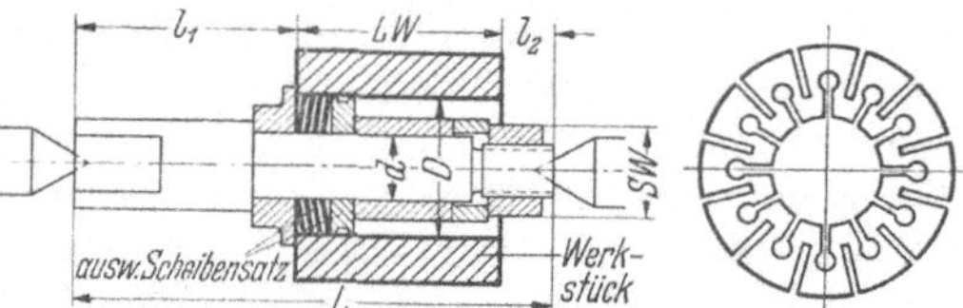

Abb. 30. Dehndorn Bauart HOFER. Mutter *m*
drückt auf Kolben *k* und erzeugt Flüssigkeitsdruck, der die aufgeschrumpfte Büchse dehnt.

Abb. 31.

Abb. 32.

Abb. 31—32. Ringspanndorn und Ringspannscheibe Patent
MAURER.

Alle bis hierher besprochenen dehnbaren Spitzendrehdorne lassen sich auch mit mehreren,
weit auseinanderliegenden Spannstellen, auch von verschiedenem Durchmesser, oder in anderen
Kombinationen anwenden. Wir werden den gleichen Konstruktionen auch später noch bei den
fliegenden Dornen (Abschn. 23) und bei den Spannzangen (Abschn. 24) begegnen.

Um auch Werkstücke, deren Bohrung weniger genau ist, auf Spitzendrehdornen
bearbeiten zu können, sind Dorne geschaffen worden, die mit zwei gegeneinander
gerichteten verhältnismäßig steilen Kegeln an beiden Enden der Bohrung angreifen.
Einer der Kegel ist abnehmbar und wird nach dem Aufstecken des Werkstückes
mittels Gewinde angezogen, bis das Werkstück von beiden Kegeln getragen wird.
Damit auch verhältnismäßig kurze und große Bohrungen erfaßt werden können,
sind die Kegel kammartig ausgeschnitten, so daß sie weit ineinandergehen können
(Abb. 33). Bei derartigen Dornen ist zu bedenken, daß die erreichbare Genauigkeit
nicht nur von der Herstellungsgüte des Dornes und von der Bohrung des Werkstückes, sondern auch noch von dessen beiden Stirnflächen abhängt. Sind diese

unbearbeitet und etwa schief zur Achse, so ist eine einseitige Lage des Werkstückes auf dem Kegel unvermeidlich. Etwas besser wird es, wenn gleichzeitig mit dem Bearbeiten der Bohrung an deren Enden Schrägen angearbeitet werden, so daß die Kegel des Dornes nicht mehr an den Schnittkanten von Bohrung und Stirnflächen, sondern an den zur Bohrung mittigen Kantenbrüchen tragen. Selbstverständlich müssen alle Drehdorne an den tragenden und gleitenden Flächen gehärtet und geschliffen sein.

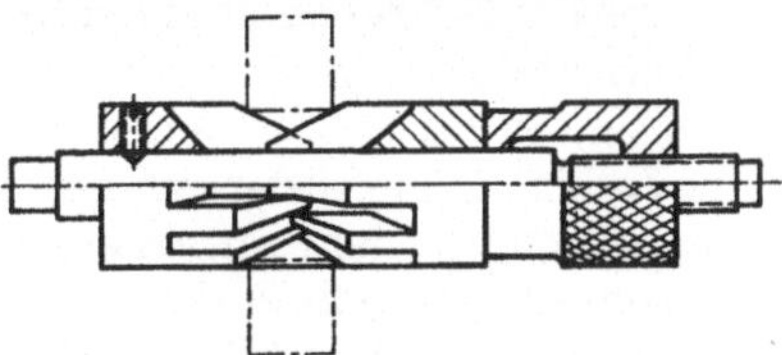

Abb. 33.   Spitzendrehdorn für großen Spannbereich. Werkstück wird nur an den Stirnenden der Bohrung gehalten.

Besonders die Dehndorne nach Abb. 29 und 30 spannen das Werkstück so fest, daß es mit dem Dornkörper praktisch ein Stück bildet und auch ohne zusätzliche Mitnahme jedes Drehmoment übertragen werden kann, das der Dornkörper selbst aushält. Die begrenzte Belastbarkeit der Spitzen, der längere Kraftweg (Drehfederung des Dornes!) schränken jedoch die Übertragungsfähigkeit der Gesamtanordnung oft so ein, daß nicht die gleichen Schnittleistungen erreicht werden können wie bei fliegender Bearbeitung im Futter: ein weiterer Grund dafür, das Drehen auf dem Spitzendorn auf Ausnahmefälle zu beschränken. Auch solche Werkstücke, die man nicht anders als in der Bohrung aufnehmen kann, werden auf einem fest mit der Drehspindel verbundenen fliegenden Dorn nach Abschn. 23 meist schneller und bequemer bearbeitet als auf dem Spitzendorn, und die erreichbare Genauigkeit ist bei entsprechender Ausführung des Dornes ebenso groß.

11. Umlaufende Zentrierscheiben, Zentriersterne und Futter. Auch zur Bearbeitung größerer Hohlzylinder wendet man die Spitzenspannung vorteilhaft an, und zwar in abgewandelter Form, indem man in jedes Ende des Zylinders eine umlaufende Zentrierscheibe, einen Zentrierstern oder ein ähnliches Hilfsspannmittel einsetzt. Das kommt dann in Frage, wenn ein fliegender Innenspanndorn nach Abschn. 23 nicht lohnt, weil entweder die Werkstückzahl zu gering ist oder die Bearbeitungszeit so groß, daß die beim Aufspannen erzielbare Ersparnis den größeren Aufwand nicht rechtfertigen würde. Ferner dann, wenn das Werkstück wegen seiner Länge oder seines Gewichtes an beiden Enden abgestützt werden muß. Durch solche Zusatzgeräte werden die betreffenden Werkstücke gewissermaßen in einfache Wellen mit Körnerlöchern verwandelt und können wie diese zwischen die gewöhnlichen Spitzen der Drehbank genommen werden.

Gegenüber der einfachsten Form nach Abb. 34 ist eine erhebliche Verbesserung ohne wesentlichen Mehraufwand dadurch zu erreichen, daß man die Zentrierscheiben fest mit der Maschine, d. h. also einerseits mit der Drehspindel und andererseits mit der (umlaufenden) Körnerspitze verbindet, die sich leicht so umändern läßt, daß Zentrierscheiben verschiedener Art und Größe schnell damit verbunden werden können (Abb. 35—39).

Abb. 34. Einfachste Aufnahme eines Hohlzylinders zwischen Spitzen.

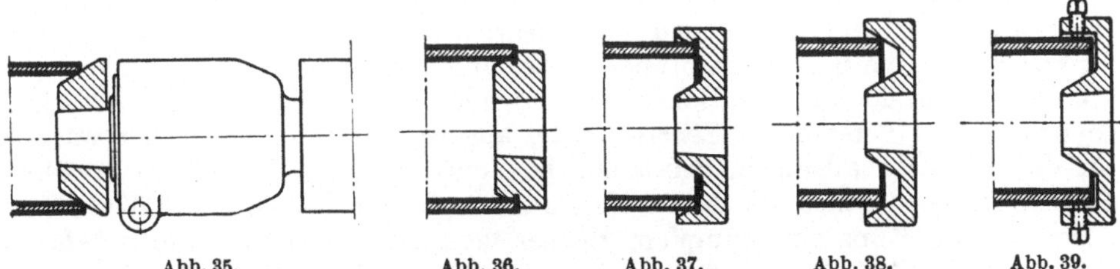

Abb. 35.   Abb. 36.   Abb. 37.   Abb. 38.   Abb. 39.
Abb. 35—39. Verschiedene Arten, einen Hohlzylinder auf der Reitstockseite aufzunehmen.

Zum Rundschleifen eignen sich obige Konstruktionen jedoch nicht, sofern die Kugellagerung nicht nachstellbar ist; denn beim Schleifen ist auch nicht das geringste Spiel oder gar Schlag in der Lagerung zulässig, was bei den Kugellagern bei längerem Gebrauch kaum vermeidbar ist. Eine vollständig spielfreie Aufnahme des Werkstückes zum Schleifen gewährleistet aber die Spitzenlagerung; darum ist es richtig, sie auch bei den umlaufenden Zentrierscheiben für Schleifmaschinen anzuwenden. Eine derartige gut bewährte Ausführungsform zeigt Abb. 40. Ein etwaiges Spiel in dem mitverwendeten Querkugellager ist ohne jeden Einfluß auf die spielfreie Aufnahme des Werkstückes. Damit die auswechselbaren Zentrierscheiben vollständig schlagfrei laufen, müssen sie unter Spannung fertiggeschliffen werden (Abb. 41). Zu dem Zweck wird die kleine Senkschraube aus der Körner-

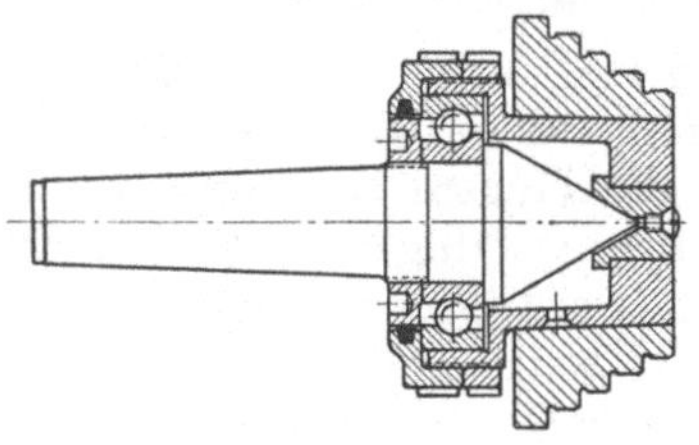

buchse entfernt für die Aufnahme eines Druckbolzens. Unmittelbar die gegenüberliegende Spitze hineinzudrücken, ist nicht ratsam, da möglicherweise die beiden Spitzen nicht genau miteinander fluchten könnten. Der zwischengeschaltete Druckbolzen verhütet für alle Fälle eine schädliche Beeinflussung der Lagerung beim Schleifen.

Abb. 40. Umlaufende Zentrierscheibe für Rundschleifmaschine, die sich unter der Reitstockkraft spielfrei auf der Körnerspitze abstützt.

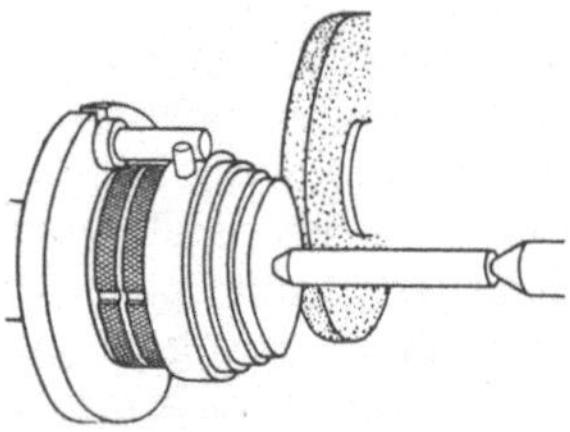

Abb. 43.

Abb. 41. Fertigschleifen der Aufnahmefläche an der Zentrierscheibe Abb. 40 unter Spanndruck.

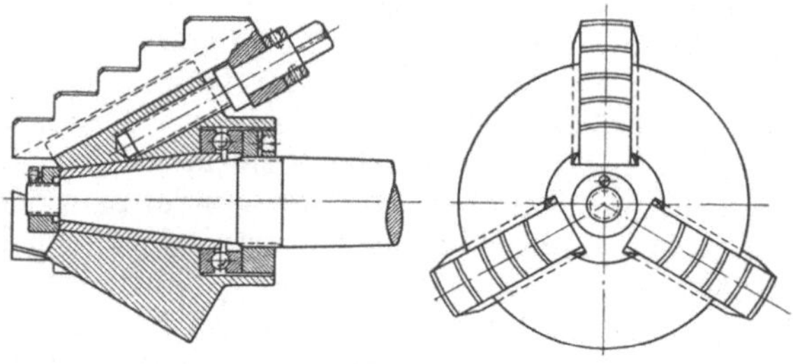

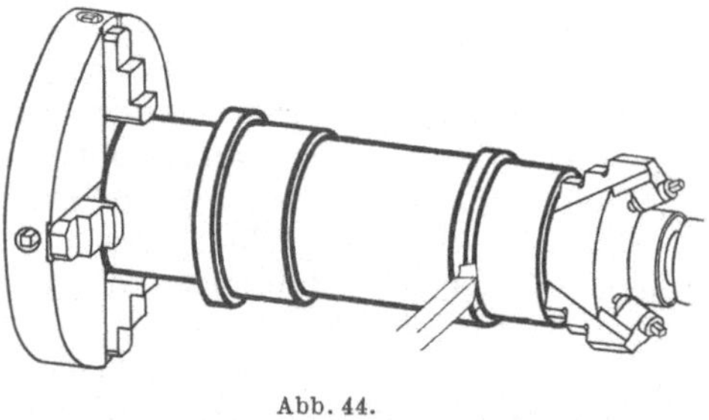

Abb. 44.

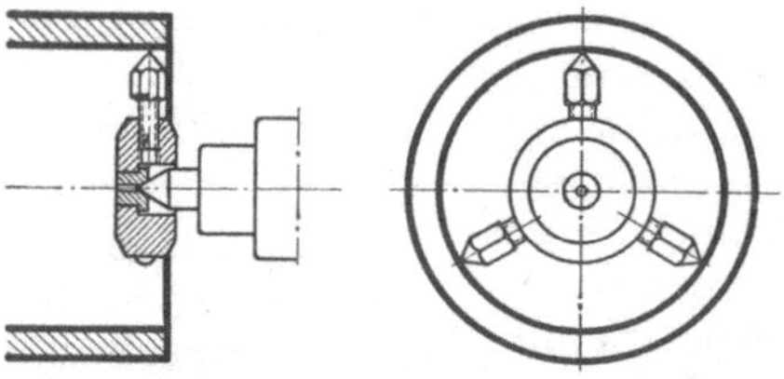

Abb. 42. Einfacher Zentrierstern für Hohlzylinder.

Abb. 43 u. 44. Verstellbares Reitstockfutter zum Abstützen von schweren Hohlzylindern.

Die vorher besprochenen Zentrierscheiben eignen sich für die Aufnahme solcher Hohlzylinder, die entweder innen fertig bearbeitet sind oder innen überhaupt roh bleiben und deshalb nach der Innenfläche laufen müssen. Soll der Hohlzylinder aber ohne Rücksicht auf die Bohrung so aufgenommen werden, daß er außen läuft, so können nur verstellbare Zentriermittel angewendet werden. Zuerst wäre der für diese Zwecke allgemein gebräuchliche Zentrierstern (Abb. 42) zu erwähnen. Er wird vorher — also vor dem Aufspannen — in der Bohrung des Werkstückes durch die am Kopf mit stumpfem Körner versehenen Sternschrauben befestigt. Erst nach dem Aufspannen wird das Werkstück dann durch Verstellen der Schrauben ausgerichtet. Diese Arbeit ist recht zeitraubend, da es häufig vorkommt, daß der Stern dabei wieder herausfällt und mit der Arbeit von neuem angefangen werden muß. Besondere Schwierigkeiten macht das bei kleinen Durchmessern. Weit besser geeignet ist das weniger bekannte verstellbare Reitstockfutter Abb. 43: Drei stufenförmige Spannbacken können einzeln durch Schrauben verstellt werden. Das Gleitlager kann natürlich auch durch Kugellager ersetzt werden. Abb. 44 zeigt einen aufgespannten Hohlzylinder: *ein* Ende von der Planscheibe und *das andere* von dem Reitstockfutter aufgenommen. Für größere Durchmesser sind die ebenfalls im Reitstock festsitzenden Reitstocksterne (Abb. 45) geeignet,

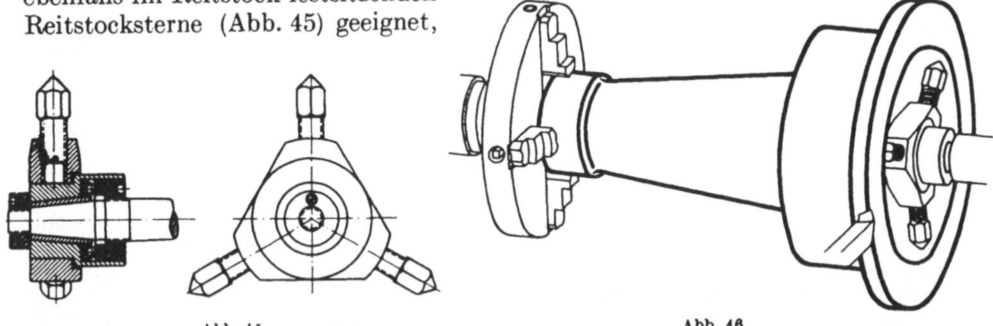

Abb. 45. Abb. 46.

Abb. 45 u. 46. Umlaufender Reitstockstern für sehr große Hohlzylinder.

die nach oben einen unbegrenzten Spannbereich haben, da man Schrauben von beliebiger Länge einsetzen kann. Abb. 46 zeigt ein damit aufgespanntes Werkstück. Auf dem Reitstockfutter kann man an Stelle des Sternes mit den Schrauben auch die Zentrierelemente Abb. 35—39 verwenden.

Nochmals sei betont, daß die vorstehend beschriebenen Spanngeräte nur bei Einzelfertigung bzw. bei Werkstücken sehr großer Abmessungen mit Bearbeitungszeiten von Stunden oder Tagen in Betracht gezogen werden sollten. Für laufende Fertigung bei kurzen Bearbeitungszeiten benutzt man wirtschaftlicher Geräte mit fliegender Aufspannung, s. Abschn. III.

12. Stirnmitnahme. Ein Verfahren, das bei der Holzbearbeitung und im Drechslerhandwerk gang und gäbe ist, kann sinngemäß auch bei der Metallbearbeitung oft sehr vorteilhaft angewendet werden, obwohl es hier noch verhältnismäßig wenig beachtet wird: die stirnseitige Mitnahme. Sie hat den großen Vorteil, die Außenfläche des Werkstückes auf der ganzen Länge für die Bearbeitung in einer Aufspannung frei zu lassen. Werkstücke, wie z. B. Stehbolzen, auf die ein durchgehendes Gewinde geschnitten werden muß, kann man überhaupt nicht anders spannen, weil man ein Drehherz nicht ansetzen und auch keines der bisher beschriebenen Mitnahmegeräte anwenden kann. Die einfachste Form der stirnseitigen Mitnahme ist die mittels dreikantiger Mitnehmerspitze in der Drehspindel (Abb. 47). Das Werkstück wird auf der betreffenden Seite zunächst mit einem gewöhnlichen Körnerloch versehen, das dann mit einem dreikantigen Körner vertieft wird. Es ist klar, daß die Kraftübertragung hierbei nur mäßig sein kann. Besser ist sie bei Hohlwerkstücken, die in ähnlicher Weise mittels Krauskopf (verzahnter Mitnahmekegel) nach Abb. 48 mitgenommen werden. Dabei sind wegen des größeren Durchmessers, an dem der Krauskopf angreift, schon größere Momente zu übertragen. Dieses Bild zeigt auch gleichzeitig die Erzeugung der Spannkraft durch Preßluftdruck hinter der Reitstockspindel. Gerade

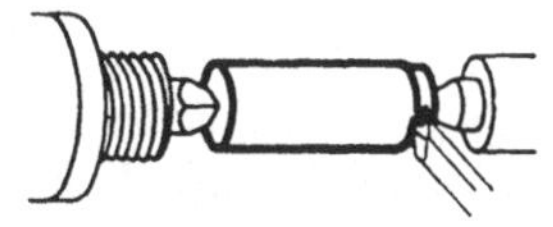

Abb. 47. Dreikantige Mitnehmerspitze.

bei Stirnmitnahme ist die Gleichhaltung der Anpreßkraft besonders wichtig, weil hier fast stets damit gerechnet werden muß, daß unter dem Schnittdruck ein

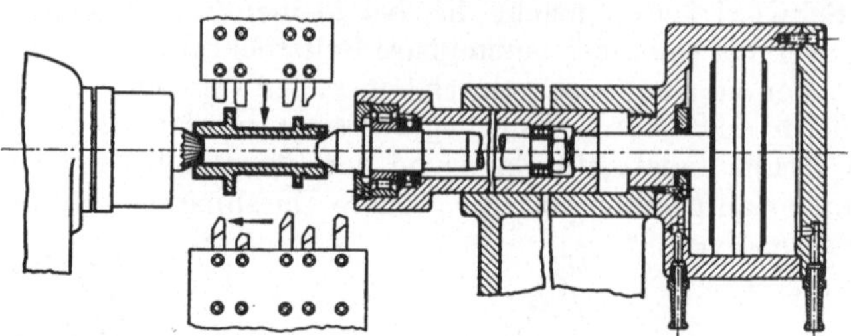

„Setzen" ... des Werkstückes auf den Körnerspitzen bzw. den Schneiden des Krauskopfes od. dergl. eintritt, was bei unnachgiebiger Anstellung des Reitstockes sofort ein Lockern der Spannung zur Folge haben würde.

Abb. 48. Mitnahme eines hohlen Werkstückes durch verzahnten Kegel. Anpressung durch Preßluftdruck auf der Reitstockpinole.

Mit elastischer Reitstockanstellung, insbesondere mit Preßluftanstellung, wird die Stirnmitnahme sogar auf ausgesprochenen Hochleistungsmaschinen, z. B. Schruppdrehbänken für die Stahlblöcke in Hüttenwerken, anwendbar. Hierbei werden an Stelle der einfachen Dreikantspitze bzw. Krausköpfe besondere Stirnmitnehmer nach Abb. 49 angewendet. bei denen die Körnerspitze lediglich die mittige Abstützung des Werkstückes übernimmt und für die Mitnahme besondere Schneiden vorgesehen sind, die an möglichst großem Durchmesser der Werkstückstirnfläche angreifen. Hierbei muß die spindelseitige Körnerspitze mit einer bestimmten einstellbaren Kraft nachgiebig angepreßt werden, was in der Regel ebenfalls durch Preßluft geschieht, und zwar mittels eines kleineren Zylinders als auf der Reitstockseite. Hierdurch wird eine ganz bestimmte, für die Aufnahme der Querkräfte ausreichende Kraft an der Körnerspitze

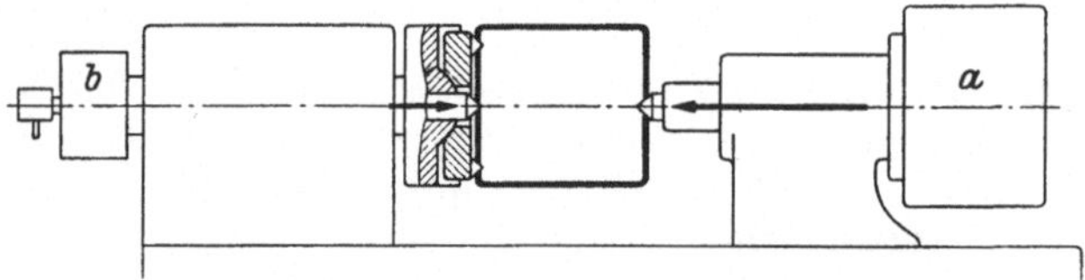

gewährleistet, während der größte Teil der Reitstockkraft auf die Mitnahmeschneiden zur Wirkung kommt. Unter Umständen wird noch durch zusätzliche Klemmung der Körnerspitze nach Abb. 13 deren stützende Wirkung erhöht und gleichzeitig die Genauigkeit verbessert.

Abb. 49. Stirnmitnehmer für hohe Schnittleistungen. Mitnahmekraft wird erzeugt durch großen Preßluftzylinder a am Reitstock; Stützkraft durch kleineren Preßluftzylinder b auf der Spindel.

In jüngster Zeit werden mechanische Stirnmitnehmer auf den Markt gebracht, bei denen die Mitnahmekraft sich selbsttätig durch Gesperrewirkung dem Moment der Schnittfläche entsprechend einstellt. Sie sollen sich bei bestimmten Anwendungen bewährt haben, jedoch wird auch von Fehlschlägen berichtet. Leider hatte der Verfasser noch keine Gelegenheit, sich selbst ein Urteil über diese Mitnehmer zu bilden.

Bei allen Spannmitteln, die sich vorwiegend der Gesperrewirkung bedienen, muß man an folgenden Umstand denken: die Wirkung des selbsttätigen Nachspannens kann nur dadurch entstehen, daß das Werkstück eine kleine Bewegung ausführt. Diese Bewegung hat auf das Werkzeug die Wirkung eines Ruckes, der für eine empfindliche Schneide (Hartmetall!) schon Bruchgefahr bedeuten kann. Sehr wahrscheinlich hängen die erwähnten Fehlschläge mit dieser Erscheinung zusammen.

III. Spannen für fliegende Rundbearbeitung.

13. Spindelköpfe. Bei der Auswahl bzw. Gestaltung von Spannmitteln für fliegende Rundbearbeitung, also vor allem für das Drehen, spielt die Form des Kopfes der Maschinenspindel eine große Rolle. Jahrzehntelang gab man den Maschinen fast ausschließlich Spindelköpfe mit Außengewinde in Verbindung mit verschiedenen Zentrierungen, meist nach DIN 800 (Abb. 50). Diese Form genügt heute nur noch selten, vor allem wegen der Gefahr des Ablaufens beim Abbremsen aus hoher Geschwindigkeit und wegen des großen Überhanges. Zur Beseitigung dieser Mängel sind Spindelköpfe mit Flanschen nach Abb. 51 (zylindrische Zentrierung) oder 52 (kurze Kegelzentrierung) und solche mit Langkegel, Mitnahmekeil und

Überwurfmutter nach Abb. 53 geschaffen und z. T. in ausländischen und deutschen Normen festgelegt worden. Für die Form nach Abb. 52 gibt es außerdem verschiedene Arten von Schnellbefestigungen, von denen einige ebenfalls in die Normen aufgenommen bzw. zur Normung vorgeschlagen sind. In Deutschland ist die Normungsarbeit an den Spindelköpfen noch nicht abgeschlossen. Man bemüht sich darum, möglichst viele der recht gegensätzlichen Wünsche von Verbrauchern, Maschinenherstellern und Futterherstellern zu erfüllen und außerdem eine recht weitgehende internationale Übereinstimmung zu erreichen.

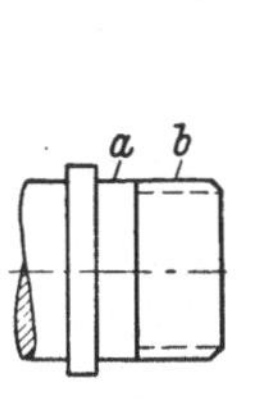

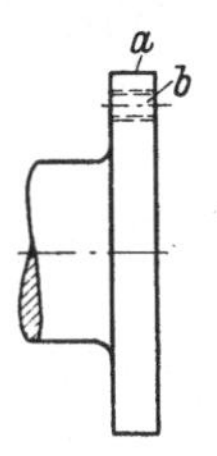

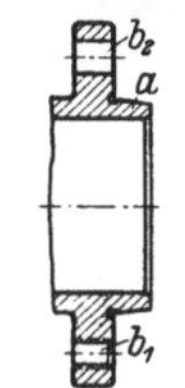

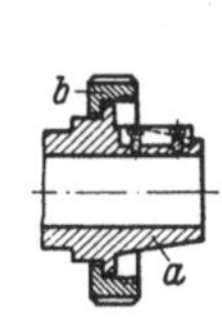

Abb. 50.
Spindelnase mit Gewinde nach DIN 800.

Abb. 51.
Spindelflansch mit zylindrischer Zentrierung a; b Befestigungslöcher.

Abb. 52.
Spindelflansch mit Kurzkegel (internationale Norm). a Zentrierkegel; b Befestigungslöcher.

Abb. 53.
Spindelnase mit Langkegel (in USA neben der Ausführung nach Abb. 52 genormt.) a Zentrierung, b Befestigung.

Neben Sicherheit gegen Ablaufen und geringem Überhang werden beständige Genauigkeit sowie Schnelligkeit und Bequemlichkeit des Wechselns verschiedener Spannzeuge gewünscht.

Da die Spindelköpfe mit Flansch (Abb. 51 bzw. 52) grundsätzlich die Möglichkeit bieten, Planscheiben und Futter unmittelbar ohne Zwischenflansch zu befestigen, gehen einige Verbraucher so weit, für alle Maschinen, die ie in der gleichen Werkstatt benutzen wollen, gleiche Spindelköpfe zu fordern, damit sie unmittelbare Befestigung *und* volle Austauschbarkeit aller Spannzeuge auf allen Maschinen erreichen. Dabei wird übersehen, daß keine der heute verfügbaren Spindelkopfformen alle berechtigten Wünsche verschiedener Verbraucher gleich gut erfüllen kann, und daß eine gewaltsame Vereinheitlichung mehr Nachteile als Vorteile bringen würde. Der Maschinenhersteller muß für jede Maschinentype und -Größe eine bestimmte, und zwar diejenige Spindelkopfform und Größe festlegen, die in der Mehrzahl der Anwendungen dieser Maschine am vorteilhaftesten ist. Auch die Hersteller von Spannfuttern können ohne derartige, auf Grund der Gesamtbedarfslage gewählte Beschränkungen nicht wirtschaftlich fertigen. Es werden also immer Fälle bleiben, in denen man nicht ohne Zwischenflansch auskommt, wie er bei den Spindelköpfen nach Abb. 50 und 53 ohnehin immer benutzt wird.

Der Zwischenflansch hat auch nicht nur Nachteile. Ein nicht zu unterschätzender Vorteil ist z. B., daß man sich im Falle von Rundlauf- oder Paßfehlern bei einem Zwischenflansch viel leichter helfen kann als bei einer Maschinenspindel.

Das Bedürfnis nach weitgehender Auswechselbarkeit von Spannzeugen zwischen verschiedenen Maschinen der gleichen Werkstatt kann leicht befriedigt werden, wenn man bei jeder Maschine einen Zwischenflansch bereithält, der futterseitig eine durch Werksnorm festgelegte einheitliche Aufnahme hat. Diese kann mit einer allgemeinen Norm übereinstimmen, sie kann aber unter Umständen auch zweckmäßiger ganz anders gestaltet sein. Wo z. B. viele fliegende Dorne verwendet werden, versieht man diese am einfachsten mit gleichen kurzen Kegelschäften (verkürzter Morsekegel) nach Abb. 54 und hält für jede Maschine einen entsprechenden Zwischenflansch bereit. Wo andere Spannzeuge überwiegen,

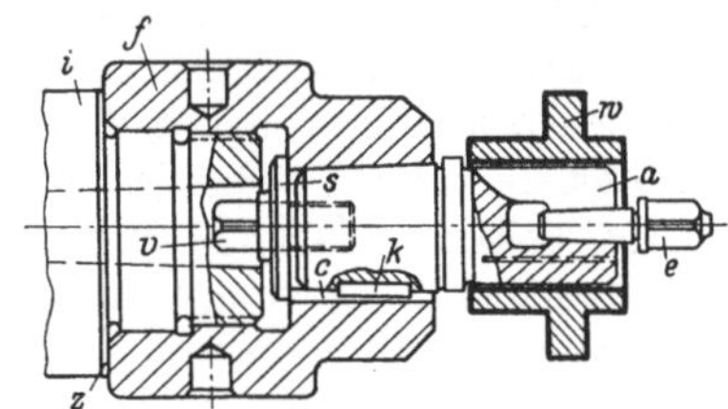

Abb. 54. Schaffung einheitlicher Aufnahme für Spannzeuge durch Zwischenflansch (nach Scheibe). i Maschinenspindel; f Zwischenflansh; a Spanndorn; w Werkstück.

können andere Formen zweckmäßiger sein. Sogenannte Zwischenfutter, die sich durch besonders schnelle und bequeme Handhabung, Genauigkeit und geringen Platzbedarf auszeichnen, lassen sich mittels Ringspannscheiben nach Abb. 32 herstellen.

A. Handbetätigte Normalspannzeuge.

14. Planscheiben. Die Urform aller Spannmittel für die fliegende Bearbeitung ist die Planscheibe. Mit ihr kann schlechtweg jedes Werkstück aufgespannt werden, sofern es nur der Größe nach im Spannbereich liegt. Deshalb darf sie auch heute noch bei keiner Drehbank fehlen, die für Einzelfertigung und für alle denkbaren Dreharbeiten benutzt wird, d. h. insbesondere in Handwerksbetrieben, in Instandsetzungswerkstätten, aber auch in der Werkzeugmacherei und in Maschinenfabriken mit stark wechselnder Fertigung. Im allgemeinen Maschinenbau kommt die Planscheibe nur noch zum Spannen größerer roher oder unregelmäßig gestalteter Werkstücke in Betracht, denn man darf niemals vergessen, daß das Spannen mit der Planscheibe zwar sehr vielseitig, aber auch sehr zeitraubend ist, weil jede Spannklaue für sich angestellt wird und jedes einzelne Stück durch Nachstellen der Spannklauen mühsam ausgerichtet werden muß, wobei der Rundlauf mittels Kreide geprüft wird. Meist spannt man nur mit den vier radial beweglichen Spannklauen. In Sonderfällen setzt man aber auch noch Spanneisen auf und benutzt als Schraubenhalt die Schlitze der Scheibe (Abb. 55). Bei dem hier dargestellten Werkstück gibt die radiale Spannung allein keine

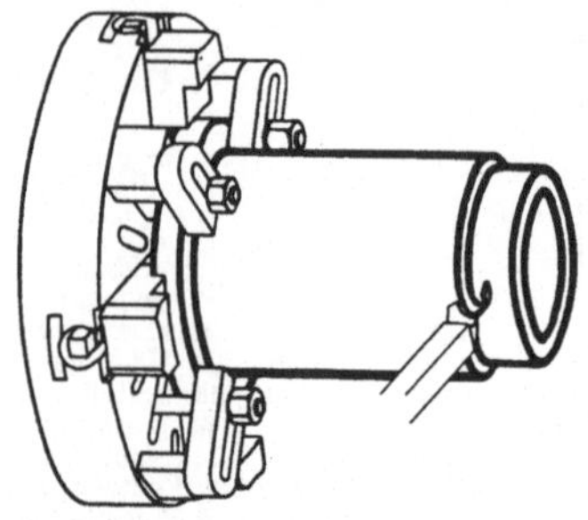

Abb. 55. Planscheibe mit im Körper geführten Backen; Anwendung bei einem Werkstück, das nicht nur radial, sondern gleichzeitig auch axial mittels Spanneisen gehalten werden muß.

genügende Sicherheit, weil das Werkstück unter einer größeren Querkraft in den Klauen nachgeben und dann herausgerissen würde. Wieder andere Teile werden unter Umständen nur mit Spanneisen gespannt. Für Werkstücke mit mehreren winklig zueinander stehenden Flächen, z. B. Ventilgehäuse, Kreuzstücke, wird an die Planscheibe ein Winkel angeschraubt, vgl. S. 48, und so kann man sich in jedem Falle helfen.

Bei der Beschaffung von Planscheiben ist auf gewisse Güte-Unterschiede zu achten. Es gibt Ausführungen, bei denen die Klauen nur obenauf geführt sind und auf der Scheibenrückseite festgespannt werden müssen, was sehr lästig ist; außerdem werden diese Planscheiben dabei leicht verzogen. Bei guten Planscheiben dagegen liegen die Klauen wie bei Futtern in geschlossenen Führungen des Körpers (Abb. 55). Vor allem bei sehr großen Planscheiben hat man sogenannte aufsetzbare Klauenkästen, die fest aufgeschraubt werden und sowohl d'e Führung der Klauen als auch die Spannspindel enthalten.

Die nachfolgend beschriebenen weiteren Spannmittel für fliegende Bearbeitung sind mehr oder weniger alle von der Planscheibe abgeleitet. Die Stellung eines universalen Spannmittels in dem Sinne, wie sie die Planscheibe früher einmal gehabt hat, nimmt heute das mittige (zentrierende) Backenfutter ein und zwar vorwiegend als Dreibackenfutter, für bestimmte Arbeitsgebiete als Zweibackenfutter, seltener als Vier- und Mehrbackenfutter. Das kommt daher, daß auf die Drehbank und überhaupt auf Rundbearbeitungsmaschinen doch vorwiegend Tehe genommen werden, die von vornherein bereits rund sind und deshalb auch mittig gespannt werden müssen. Die mittige Bewegung der Backen erspart das Ausrichten und dadurch spannt man mit dem mittigen Futter bedeutend schneller als mit der Planscheibe. Eine weitere erhebliche Zeitersparnis bietet die Kraftbetätigung der Futter nach Abb. 62 und 63, durch die die reine Spannzeit auf höchstens 1 Sekunde herabgesetzt und gleichzeitig dem Dreher die Anstrengung des Spannens abgenommen wird. Sowohl für Handbetätigung als auch für Kraftbetätigung gibt es verschiedene Bauarten mittiger Futter.

15. Handbetätigte Zweibackenfutter werden hauptsächlich zum Spannen unrunder aber symmetrischer Körper benutzt, wie sie vor allem im Armaturenbau vorkommen, z. B. Hahngehäuse, Stopfbuchsbrillen, ovale Abschlußdeckel u. dgl. (Abb. 56), ferner zum Spannen von Vierkantwellen und ähnlichen Teilen (Abb. 57).

Die Backen werden meist durch eine Spindel mit gegenläufigem Gewinde bewegt.
Die Futter sind so ausgebildet, daß auswechselbare Formbacken aufgesetzt werden
können. Dabei wird zweckmäßig eine
Backe pendelnd oder querbeweglich
angeordnet, um Überbestimmung zu
vermeiden, die z. B. bei zwei starren
Prismen vorhanden wäre. In Abb. 57
ist ferner beachtenswert, daß die
untere Backe in axialer Richtung
länger ist als die obere und in der
Mitte ausgespart. Auch dies dient
der sicheren Abstützung des Werkstückes. Für Sonderzwecke gibt es
noch mancherlei Abarten der dargestellten Grundform des handbe-
tätigten Zweibackenfutters. Z. B. werden für Aufgaben mit höheren Genauigkeits-
ansprüchen auch die gleichen Konstruktionen angewendet wie bei den nachfolgend beschriebenen Dreibackenfuttern.

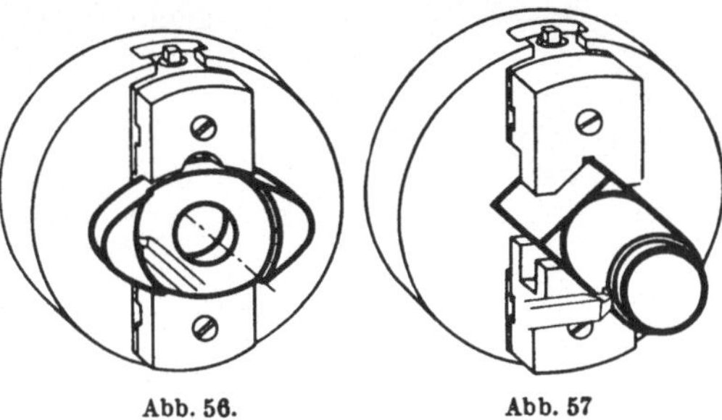

Abb. 56.　　　　Abb. 57

Abb. 56 u. 57. Zweibackenfutter bei typischen Anwendungen.

16. Handbetätigte mittige Dreibackenfutter werden in verschiedenen Bauarten hergestellt. Gemeinsam ist ihnen allen, daß die drei Backen gleichzeitig und
gleichmäßig von einer Stelle aus mittels Steckschlüssels bewegt werden. Die
sogenannten „kombinierten Futter'' mit zusätzlicher Einzelverstellung jeder Backe
haben geringere Bedeutung.

a) *Spiralfutter.* Diese älteste der heute verwendeten Bauarten wird bereits seit
dem Jahre 1862 durch die amerikanische Firma CUSHMAN hergestellt und daher
auch meist CUSHMANfutter genannt. Im Futterinnern befindet sich ein Ring, der
durch Kegelritzel, in die der Spannschlüssel eingesteckt wird, gedreht werden kann.
An seiner den Backen zugewendeten Stirnfläche trägt er ein Spiralgewinde, in das
die drei Backen mit entsprechenden Zähnen eingreifen. Der Aufbau des Futters
ist daher sehr einfach und kräftig. Leider hat es den grundsätzlichen Fehler, daß
der Krümmungshalbmesser der Spirale von innen nach außen zunimmt, also überall
verschieden ist. Würden die Gewindezähne der Backen ebenso ausgeführt, so
könnten sie nur an einer bestimmten Stelle mit der Spirale in Eingriff gebracht
werden, aber das Ganze wäre nicht bewegbar. Die Zähne der Backen müssen daher
sichelförmig gearbeitet werden, so daß der innere Krümmungshalbmesser des
Backenzahnes dem größten Halbmesser der Spirale und umgekehrt der äußere
Halbmesser des Backenzahnes dem kleinsten der Spirale entspricht. Das Spiralgewinde trägt also in fast allen Stellungen theoretisch nur auf Linien und nur in
den günstigsten Stellungen auf der ganzen Fläche. Die Folgen sind hohe Beanspruchungen an den Backenzähnen, Verschleiß, Genauigkeits- und Kraftverlust.
Durch Härten der Spirale, sowie durch Schleifen bemüht man sich in neuerer Zeit,
die Leistungsfähigkeit der Spiralfutter zu erhöhen, d. h. den Verschleiß zu ver-
mindern. In Deutschland sind die Spiralfutter heute bis in alle Einzelheiten
genormt (DIN 6350).

b) Schon früh ist nach Wegen gesucht worden, den geschilderten grundsätzlichen Mangel der Spirale zu vermeiden. Der älteste Ausweg ist das Plankurvenfutter, Abb. 58 und 59, das zuerst von der englischen Firma HERBERT seit etwa
1900 gebaut wurde. Es ist grundsätzlich dem Spiralfutter ähnlich, jedoch anstelle
der Spirale mit drei gleichen Kreisbogenkurven für die drei Backen versehen, in
bzw. auf denen Nutensteine gleiten, die mit den Backen gelenkig verbunden sind.

Die Kreisbogenform ermöglicht volle Flächenberührung in allen Stellungen, wodurch der hauptsächlichste Nachteil des Spiralfutters vermieden wird. Man muß jedoch in Kauf nehmen, daß die Backen nur einen kleinen Hub stets an der gleichen Stelle ausführen können. Zur Anpassung an Werkstücke verschiedenen Durchmessers müssen die Aufsatzbacken versetzt werden. Dies kostet Zeit und ist meist auch mit einem gewissen Genauigkeitsverlust verbunden, der erst durch Nacharbeiten der Backenspannflächen wieder beseitigt werden muß. Deshalb kommen diese Futter für Einzelfertigung kaum in Betracht.

c) *Futter mit Keilstangen.* Das FORKARDT-Futter nach Abb. 60 vermeidet sowohl die Nach-

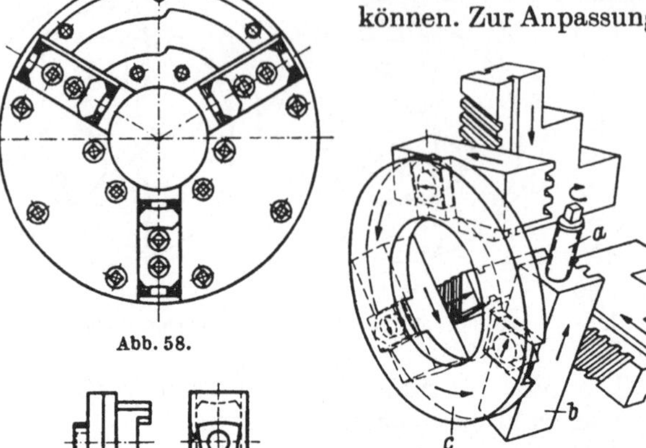

Abb. 58.

Abb. 59.
Abb. 58 u. 59. Plankurvenfutter.

Abb. 60. Die beweglichen Teile des Forkardt-Futters in der Reihenfolge des Kraftflusses: *a* Spindel, *b* Keilstange Nr. 1, *c* Treibring, *d* Keilstangen Nr. 2 und 3, *e* Backe.

teile der Spirale als auch die der Plankurve. Drei sogenannte Keilstangen *b, d* bewegen sich gradlinig in quer zu den Backen liegenden Nuten des Körpers. Ein sogenannter Treibring *c* verbindet sie über Gleitsteine und Zapfen untereinander, ihren Gleichlauf sicherstellend. (Bei der in den Betrieben oft noch vorhandenen früheren Ausführung, von 1924—1945 hergestellt, waren die Keilzahnstangen durch einen Zahnkranz verbunden). Schräggestellte Keilzähne auf der Stirnseite der Keilstangen arbeiten mit entsprechenden, ebenfalls geraden Zähnen an der Unterseite der Grundbacken *e* zusammen. Die ebenen Zahnflanken liegen beim Spannen stets in voller Breite an, wodurch nur mäßige Flächendrücke auftreten und der Verschleiß vermieden wird. Durch Versetzen der Grundbacken gegenüber den Keilstangen um einen oder mehrere Zähne werden bequem alle Durchmesser erreicht und mit der gleichen Genauigkeit gespannt.

17. Vierbackenfutter. Man findet gelegentlich die Meinung: je mehr Backen, desto fester die Spannung, und daher entsteht auch manchmal der Wunsch, Futter mit möglichst vielen Backen zu verwenden. Diese Vorstellung ist aber nur bedingt richtig: bei mittiger Bewegung, also gemeinsamem Antrieb der Backen von einer Stelle aus, kann die Mitnahmekraft mit der Zahl der Backen nicht zu-, sondern höchstens abnehmen, weil die mit gegebener Antriebskraft und Übersetzung erzeugbare Gesamtkraft festliegt und auf die Backen aufgeteilt wird, die unvermeidlichen Verluste aber mit der Zahl der Reibungsstellen — also mit der Zahl der Backen — größer werden. Eine größere Krafterzeugung ist nur dann möglich, wenn die Backen einzeln oder in mehreren Gruppen unabhängig voneinander gespannt werden. Dann ist aber eine sichere mittige Spannung nicht mehr gewährleistet. Vier-

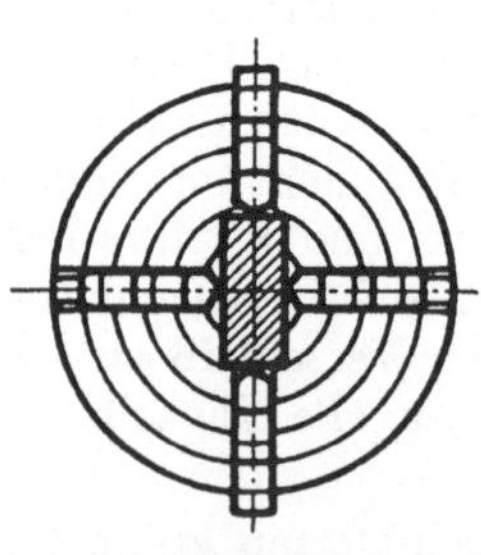

Abb. 61. Vierbackenfutter mit paarweise mittig spannenden Backen.

backenfutter bieten daher nur dann einen Vorteil, wenn vorwiegend ovale, rechteckige oder andere zweiachsige Körper gespannt werden müssen (Abb. 61).

Dafür gibt es Bauarten, bei denen je zwei gegenüberliegende Backen gleichzeitig mittig bewegt werden können. Futter mit noch größerer Backenzahl kommen nur in seltenen Ausnahmefällen für Sonderzwecke in Betracht.

B. Kraftbetätigte Normalspannzeuge.

In den Abschnitten 4 und 5 (S. 6ff.) wurde bereits darauf hingewiesen, daß die Handbetätigung den Spannvorrichtungen bestimmte, nicht überschreitbare Leistungsgrenzen setzt. Wir finden deshalb heute in immer stärkerem Umfange die kraftbetätigte Spannung, und für viele Zwecke ist sie schon geradezu unerläßlich geworden. Ihre wesentlichen Kennzeichen sind:

1. Erzeugung der Spannkraft durch eine besondere Kraftquelle, meist zusätzlich von außen in die Maschine eingeleitet, seltener aus ihr selbst. Diese Kraft braucht lediglich gesteuert zu werden, was nur geringe Anstrengung erfordert.

2. Der Zeitaufwand für das Spannen und Lösen ist denkbar gering, in der Regel weniger als eine Sekunde.

3 Die kraftbetätigte Spannung ist meist eine ausgesprochene „Speicherspannung" in dem auf S. 7 geschilderten Sinne.

4. Die Spannkraft läßt sich genau einstellen und ist bei gegebener Einstellung des Regelorganes stets gleich groß. Wenn erforderlich, kann sie bei eingespanntem Werkstück zwischen verschiedenen Arbeitsgängen geändert werden, und zwar ebenfalls in vorher festgelegten Grenzen.

Aus 3. und 4. ergibt sich die Nutzanwendung, daß die Größe der Spannkraft auf das für die Bearbeitung unbedingt Notwendige beschränkt werden kann, ohne daß die Gefahr des Losreißens besteht. Das ist besonders bei empfindlichen Werkstücken sehr vorteilhaft.

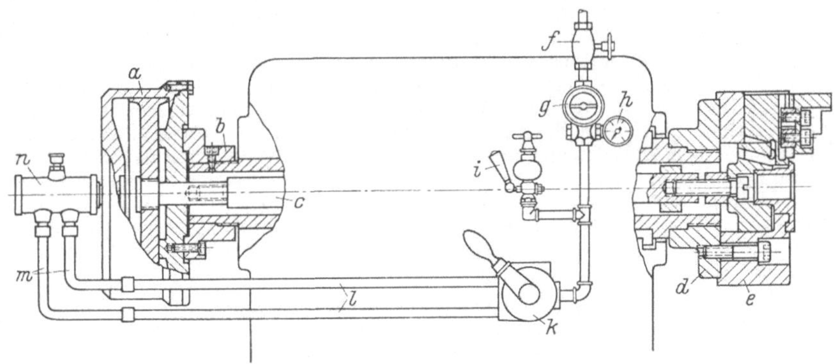

Abb. 62. Grundsätzlicher Aufbau einer kraftbetätigten (hier Preßluft-) Spanneinrichtung. *a* Preßluftzylinder (läuft mit der Spindel um); *b* Zylinderflansch; *c* Verbindungsstange; *d* Futterflansch; *e* Futter; *f* Absperrhahn; *g* Druckminderventil; *h* Druckmesser; *i* Öler; *k* Handsteuerhahn; *l* Gasrohr; *m* Schläuche; *n* Luftzuführung.

Obwohl kraftbetätigte Spannung auch bei Langbearbeitung angewendet wird, beschreiben wir sie hier unter den Spannvorrichtungen für Rundbearbeitung, weil sie sich dabei am einfachsten erläutern läßt. Abb. 62 zeigt den grundsätzlichen Aufbau einer üblichen kraftbetätigten Spanneinrichtung an einer Drehbank oder ähnlichen Maschine. Sie besteht aus der eigentlichen Spannvorrichtung *e* (Futter od. dgl.), dem die Spannkraft erzeugenden „Spanner" *a*, der in der Regel am freien Ende der Maschinenspindel befestigt wird, und dem Steuerhahn bzw. Steuerschalter *k*, der als Hand- oder Fußschalter so an oder unter der Maschine angebracht wird, daß er beim Einlegen bzw. Herausnehmen der Werkstücke möglichst bequem betätigt werden kann. Die Art des Spanners *a* richtet sich nach der Art des verwendeten Kraftmittels. Man benutzt je nach den Verhältnissen entweder Preßluft oder Druckflüssigkeit (Drucköl) oder Elektrizität und spricht deshalb auch von „Preßluftspannung", „Druckölspannung" (hydraulischer Spannung) und elektrischer Spannung. Eine Sonderstellung nehmen daneben die magnetische und die Saugluftspannung ein (s. Abschn. 27 und 28).

18. Der Spanner als Preßluftzylinder wird in Abb. 62 dargestellt. Er enthält einen Kolben, der durch die Preßluft von der einen oder anderen Seite her unter Druck gesetzt werden kann. Er verschiebt sich dementsprechend und gibt an die nach rechts herausgeführte Kolbenstange eine Zug- bzw. Druckkraft ab, die durch eine Verbindungsstange *c* auf die Spannelemente des Futters übertragen wird.

Der Steuerhahn *k* ist ein Vierwegehahn, durch den jeweils die eine Zylinderseite mit der Preßluft und gleichzeitig die andere mit dem Auslaß verbunden wird. Die Überleitung der Preßluft von den Leitungen auf den umlaufenden Zylinder erfolgt durch die „Luftzuführung" *n*, die aus einem mit dem Zylinder fest verbundenen umlaufenden Halter und einem darauf gelagerten, nicht umlaufenden Gehäuse besteht. Es steht also in beiden Richtungen die gleiche Kraft zur Verfügung, und dementsprechend können die kraftbetätigten Futter in der Regel ebenso gut zum Spannen von außen nach innen wie zum Spannen von innen nach außen verwendet werden, wenn es sich nicht gerade um eine Sonderbauart für Kraftübertragung nur in einer Richtung handelt. Ebenso kann man bei der Gestaltung von Sonderspannvorrichtungen für Kraftbetätigung immer die unter den gegebenen Verhältnissen bequemste Betätigungsrichtung wählen. Nur bei Sonderbauarten von Preßluftspannzylindern für bestimmte Zwecke wird manchmal zwecks äußerster Platz- oder Gewichtsersparnis der Preßluftkolben nur einfachwirkend ausgebildet, wobei die Rückführung zum Lösen meist durch Federn erfolgt, aber dafür ein langsameres Zurückgehen in Kauf genommen werden muß. Der höchste anwendbare Preßluftdruck ist der in den Werkstattnetzen übliche Leitungsdruck von etwa 6 atü. Er kann mittels Druckminderventil *g* verringert, aber natürlich nicht vergrößert werden. Infolgedessen wird die Leistung eines Preßluft-Spannzylinders durch seinen Durchmesser bestimmt. Unter gewöhnlichen Verhältnissen läßt sich stets ein einfacher Zylinder genügender Größe an den Maschinen unterbringen. Die üblichen Größen liegen etwa zwischen 100 und 400 mm Kolbendurchmesser, entsprechend einer größten Zug- bzw. Druckkraft von 500 kg bis 7000 kg. Als Faustregel gilt: Kolbendurchmesser = Außendurchmesser des Futters. Ausnahmefälle sind z. B. Mehrspindelautomaten, bei denen der Abstand der Drehspindeln den zulässigen Durchmesser des Spannzylinders begrenzt. Ferner solche Maschinen, bei denen gleichzeitig sehr hohe Spindeldrehzahlen und große Spannkräfte notwendig sind. Da würde ein einfacher Zylinder von entsprechendem Durchmesser den ruhigen Lauf der Spindel beeinträchtigen und infolge seines Trägheitsmomentes den Anlauf und das Bremsen der Spindel zu sehr verzögern, bzw. zu große Anfahr- bzw. Bremsmomente und damit verbunden zu hohe Beanspruchung der Spindel usw. ergeben. In diesen Ausnahmefällen wendet man Doppelzylinder oder solche mit eingebauter Übersetzung an, die bei gegebenem Außendurchmesser eine entsprechend größere Kraft liefern.

Zum üblichen Zubehör einer Preßluftspanneinrichtung gehört noch ein Drucköler *i*, durch den Steuerhahn und Zylinder geschmiert werden. Das Druckminderventil *g* mit Druckmesser ist nur dann erforderlich, wenn eine Druckverstellung gebraucht wird. Wo stets nur volle oder starkwandige Teile bearbeitet werden, kann man darauf verzichten.

19. Druckölspannzylinder sind den Preßluftzylindern ähnlich, jedoch meist wesentlich kleiner, da man in der Regel mit höherem Druck arbeiten kann. Da eine zentrale Druckölerzeugung für eine ganze Werkstatt wie bei Preßluft nicht zweckmäßig ist, wird Druckölspannung im allgemeinen nur an Maschinen vorgesehen, die mit einer Druckölpumpe für andere Zwecke ausgestattet sind (Vorschub und Steuerung). Solche Maschinen haben meist von vornherein einen Druckölspannzylinder. Daß man eine Maschine nachträglich mit Druckölspannung ausrüstet, kommt daher selten vor, während das mit Preßluftspannung wie auch mit elektrischer Spannung sehr oft geschieht und keinerlei Schwierigkeiten bereitet. Steuerhahn und Druckregler sind bei Druckölspannung auch meist mit dem hydraulischen Aggregat der Maschine vereinigt.

20. Der Elektrospanner in der Regelausführung nach Abb. 63 stimmt mit den vorbeschriebenen Spannzylindern in der Wirkung vollkommen überein, d. h. seine rechts heraustretende „Kolbenstange" führt ebenfalls eine schiebende Bewegung aus und liefert an das Spannfutter eine Zug- bzw. Druckkraft von einigen Tausend bzw. einigen Hundert kg. Die Kraft ist auch hier in beiden Richtungen gleich groß. Das bedeutet, daß die gleichen Futter usw. ohne jede Änderung je nach den Verhältnissen mittels Preßluft oder Drucköl oder Elektrospanner betrieben werden können.

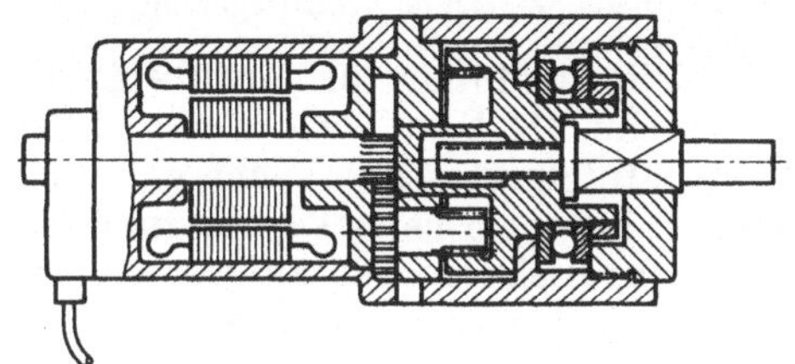

Abb. 63. Elektrospanner für die Kraftbetätigung umlaufender Futter usw.

Der Elektrospanner enthält einen Motor, der über ein Rädergetriebe eine Mutter antreibt, die eine Gewindespindel verschiebt. Zwischen Getriebe und Mutter befindet sich eine Schnappkupplung, die von außen her verstellt werden kann. Hierdurch läßt sich die Spannkraft zwischen Null und dem Höchstwert beliebig einstellen. Da der Spanner als Ganzes, also auch das Motorgehäuse, mit der Maschinenspindel umläuft, muß der Strom durch Schleifringe von einer stillstehenden Bürstengruppe aus zugeführt werden.

Während bei der Preßluftspannung und in gewissem Sinne auch bei der Drucköldspannung das Druckmittel im Spannzylinder eine ideale „Spannarbeitsspeicherung" darstellt (s. Abschn. 4), ist eine solche bei der Elektrospannung nicht in gleicher Vollkommenheit gegeben. Bedenkt man aber, daß bei einem von Hand betätigten Futter dessen Teile allein die nötigen Spannkraftspeicherung besorgen müssen, so kommt beim Elektrospanner schon stets die Anspannung der Teile des Spanners und die der Verbindungsstange dazu, so daß bereits von einer mehrfachen Sicherheit gegenüber dem handbetätigten Futter gesprochen werden kann. Wo es ganz besonders darauf ankommt, kann man außerdem noch ein elastisches Glied in Gestalt eines sogenannten Federpaketes zwischen Elektrospanner und Futter einschalten.

Außer den geschilderten gewöhnlichen Bauarten der Spanner gibt es Sonderausführungen, die hier nur kurz erwähnt werden können, z. B. Preßluftspannzylinder mit durchgehender Bohrung für Hohlspindelmaschinen, die mit dem Futter durch ein Zug- bzw. Druckrohr verbunden werden. Für Maschinen, deren Spindelbohrung ganz frei bleiben muß, werden auch Preßluftzylinder oder Elektrospanner hergestellt, die stillstehend neben dem Futter angeordnet werden und von außen auf dasselbe einwirken. Elektrospanner für Mehrspindelautomaten werden teilweise so ausgeführt, daß nur ein einziger Spanner vorhanden ist, der jeweils auf das in der Ladestellung befindliche Futter einwirkt. Die Spannung wird durch die Selbsthemmung eines Gewindes und durch die Anspannung der Übertragungsglieder sowie ggf. eines Federpaketes aufrechterhalten.

21. Druckwechseleinrichtungen. Wie schon einmal angedeutet, ermöglicht die kraftbetätigte Spannung einen Wechsel der Spannkraft während der Bearbeitung. Das kann aus verschiedenen Gründen erforderlich sein:

a) Wenn ein Werkstück vor dem endgültigen Festspannen ausgerichtet werden muß, ist es erwünscht, es im Futter zunächst nur leicht festzuhalten, so daß das Ausrichten (wozu natürlich dann die Backen einzeln verstellbar sein müssen) ohne große Anstrengung und unter Schonung der Spannmittel geschieht. Preßluft und Drucköl bieten durch einfache Druckregler in Verbindung mit Mehrwegehähnen sehr bequem die Möglichkeit, zuerst mit geringem Druck zu spannen und nach beendetem Ausrichten den vollen Spanndruck herzustellen. Bei Elektrospannung ist dasselbe nicht so einfach möglich.

b) Auch der umgekehrte Fall kommt vor: wenn ein Werkstück durch die zur Hauptbearbeitung erforderliche Spannkraft so verformt wird, daß die Endbearbeitung nicht genau würde, kann man durch „Entspannen" nach Beendigung des Schruppens die nötigen Bedingungen herstellen. Dies ist schaltungsmäßig ebenso einfach wie im Falle a). Allerdings ist es nicht bei jeder Futterart anwendbar, denn ein wirkliches Entspannen kann nur eintreten, wenn das Futter nicht durch Selbsthemmung am Nachgeben gehindert wird (s. S. 9).

c) Eine weitere Anwendung des Druckwechsels kommt gelegentlich bei Sonderfuttern vor, in denen ein eingespanntes Werkstück zwischen verschiedenen Bearbeitungsstufen verschoben oder verschwenkt werden muß, ohne daß es ganz losgelassen wird. Dann wird nur während des Verschiebens der Druck vorübergehend gemindert.

22. Backenfutter für Kraftbetätigung. Die vom Spanner kommende Kraft (s. Abschn. 18) liegt etwa in der Größenordnung der an den Backen benötigten Kraft. Infolgedessen braucht ein kraftbetätigtes Futter in der Regel nur eine mäßige, oft sogar keine Übersetzung mehr zu enthalten. Das hat den Vorteil, daß der mechanische Aufbau äußerst einfach ist und die kraftführenden Teile daher sehr stark bemessen werden können. Man kann einem kraftbetätigten Futter bestimmter Größe meist erheblich mehr Spannkraft zumuten als einem handbetätigten Futter gleicher Größe, was schon äußerlich an den breiteren Backen erkennbar ist. Es kommen hauptsächlich 2 Bauarten vor: Futter mit Winkelhebelübertragung nach Abb. 64 und solche mit Keilübertragung nach Abb. 65. Der durch die Verbindungsstange axial bewegte Kolben verschiebt die Backen gleichmäßig radial je nach der Größe und Art des Futters um etwa 3 bis 15 mm. Der Spannbereich wird verändert durch Versetzen der Aufsatzbacken, die zu dem Zweck meist durch eine Feinverzahnung mit den Grundbacken verbunden sind. Da Kraftbetätigung in der Regel nur bei Reihen- oder Mengenfertigung angewendet wird, ist der etwas größere Zeitaufwand für das Versetzen solcher Backen sowie das für genaues Spannen jedesmal erforderliche Nachdrehen bzw. -schleifen der Spannflächen (s. S. 32) belanglos. Der erwähnte Bakkenhub reicht aus, um nicht nur die größten Toleranzen roher Werkstücke zu überbrücken, sondern enthält außerdem eine Überdeckung der Spannbereiche für das Versetzen der Aufsatzbacken von einem Zahn zum anderen und selbstverständlich noch einen genügenden Öffnungsweg für bequemes Einlegen der Werkstücke, sowie eine Sicherheit für das Nachspannen. Kraftbetätigte Futter werden als Zwei- und Dreibackenfutter hergestellt.

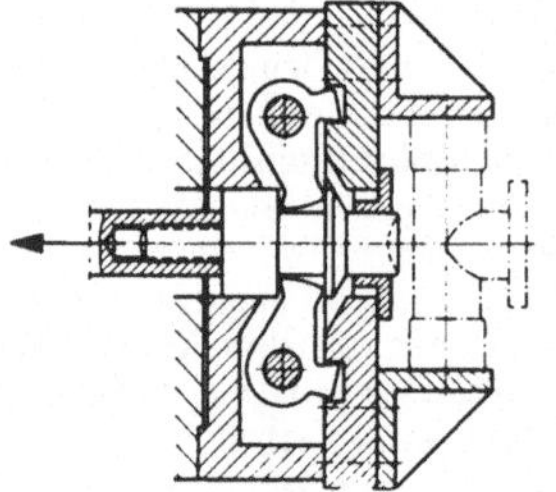
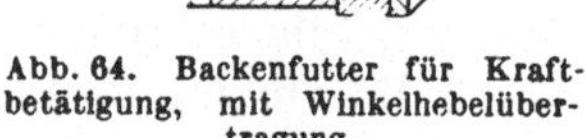

Abb. 64. Backenfutter für Kraftbetätigung, mit Winkelhebelübertragung.

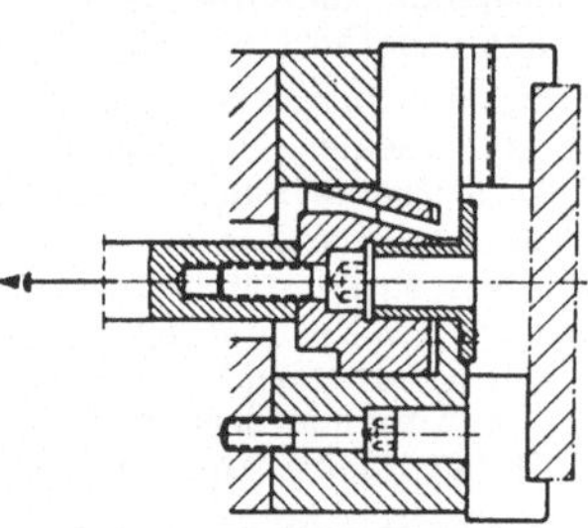

Abb. 65. Backenfutter für Kraftbetätigung, mit Keilübertragung.

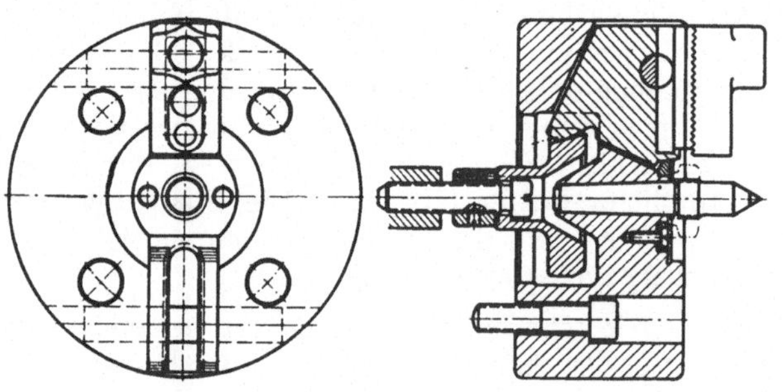

Abb. 66. Kraftbetätigtes Ausgleich-Zweibackenfutter.

Abb. 66 stellt ein Ausgleich-Zweibackenfutter dar, dessen Betätigungskolben radial Spiel hat, so daß die beiden Backen sich ausgleichend gegen die Oberfläche des in den Spitzen oder durch eine andere feste Aufnahme bestimmten Werkstückes anlegen. Auch Sonderspannzeuge der verschiedensten Art werden bei Kraftbetätigung besonders einfach, starr und genau infolge der axialen Krafteinleitung. Einige Beispiele werden im folgenden Abschnitt beschrieben.

C. Sonderspannzeuge für fliegende Rundbearbeitung.

Alle Backenfutter haben den Vorteil großer Vielseitigkeit. Man kann sie für Werkstücke verschiedener Durchmesser, mit kleinen oder großen Toleranzen und in Verbindung mit Aufsatzbacken verschiedener Form und einfachen Zusatzgeräten auch für Werkstücke verwickelter Gestalt und vielerlei Sonderaufgaben gut verwenden. Ein Backenfutter ist immer wieder leicht verwertbar, im Gegensatz zu einer für einen bestimmten Zweck besonders hergestellten Vorrichtung, die beim Wegfall eines Erzeugnisses, ja schon durch eine geringe Änderung in der Konstruktion oder im Fertigungsverfahren überflüssig werden kann. Dem stehen aber auch Nachteile gegenüber. Manche Werkstücke lassen sich überhaupt nicht gut mit Backen spannen; sei es, daß sie zu leicht verspannt werden, oder daß sie durch die Schnittkräfte leicht aus den Backen herausgerissen werden oder weil die Spannbacken im Verhältnis zu ihrer Führungslänge zu hoch würden, oder aus anderen Gründen. Für manche Zwecke ist auch die mit einem Backenfutter, selbst einem sehr sorgfältig hergestellten und behandelten, erreichbare Genauigkeit nicht ausreichend. Die Führungen der Backen müssen notwendigerweise etwas Spiel aufweisen und die beim Spannen stets auftretenden Momente verkanten die Backen darin. Das wird zwar bei sachgemäßer Herstellung der Aufsatzbacken (s. S. 31) weitgehend ausgeglichen; ein gewisser Einfluß auf die Genauigkeit bleibt aber immer vorhanden. Das alles sind Gründe, die zur Verwendung von Sonderspannvorrichtungen veranlassen können. Die hauptsächlichsten Arten sind in den nachfolgenden Abschnitten kurz behandelt. Allerdings kann darin nur das Allgemeine gebracht werden, da dieses Gebiet zu umfangreich ist. Es muß daher auf die Werkstattbücher 35 „Vorrichtungsbau II" und 42 „Vorrichtungsbau III" verwiesen werden, in denen mehr über derartige Sonderspannvorrichtungen zu finden ist, und auf die Druckschriften der herstellenden Firmen. Wenn nicht besondere Gründe dagegen sprechen, (s. S. 21), wird man Sonderspanngeräte nach Möglichkeit zur unmittelbaren Befestigung am Spindelkopf der Maschine ausbilden.

23. Spanndorne für fliegende Bearbeitung. Die meisten der im Abschn. 10 behandelten Bauarten von Spitzendrehdornen werden in entsprechender Abwandlung auch für fliegende Spannung ausgeführt. Zur Betätigung der verschiedenen Arten von Spreizdornen dient entweder eine von außen drehbare Mutter oder Schraube (von Hand) oder die gerade hierbei besonders einfach anzuwendende Kraftbetätigung, s. S. 25. Jeder Spanndorn, bei dem es auf Genauigkeit ankommt, muß von Zeit zu Zeit nachgeprüft und ggf. nachgerichtet werden. Einfache Spreizdorne mit geschlitzten Büchsen dürfen immer nur für eng tolerierte Bohrungen (mindestens ISA-Qualität 7 oder 8) benutzt werden, da sie bei stärkerem Spreizen zu ungünstig beansprucht werden und außerdem infolge fehlender Übereinstimmung der Radien des starren Kegels und der Spreizbüchse, sowie ungleichmäßiger Aufbiegungsmöglichkeit der geschlitzten Büchse keine genaue Bestimmung und sichere Abstützung des Werkstückes gewährleisten können. Spreizbüchsen, die sich nach dem Aufhören der Axialkraft von selbst lösen sollen, dürfen keinen schlankeren Kegel als etwa 1:5 aufweisen. Bei schwachen Dornen wendet man manchmal einen Kegel etwa 1:20 an und spannt einfach durch Eintreiben des Kegels mit dem Hammer. Durch Drehen an einem Vierkant kann er wieder gelöst werden.

24. Spannzangen. Hierfür gilt fast das gleiche wie für die Spanndorne, da sie lediglich ihre Umkehrung darstellen. Auch hier ist aus einer sehr großen Mannigfaltigkeit von Arten und Ausführungen, die für die Werkstücke und die auszuführenden Arbeiten geeignetste zu wählen. Die einfache Spreizzange wird in großem Umfange in Revolverdrehbänken und Automaten angewendet, die von der Stange arbeiten. Während sie hierbei ein verhältnismäßig einfaches und nur mäßig genaues Spannmittel darstellt, vor allem wegen der meist zu überbrückenden größeren Toleranzen, ist die Spreizzange ein wertvolles Genauigkeitsspannzeug dort, wo die zu spannenden Werkstücke in Form und Durchmesser genau sind, also besonders für die zweite Aufspannung bereits gedrehter Teile. Auch die Ringspannscheibe Patent MAURER entsprechend Abb. 32 wird als Spannzange verwendet; wird der Außendurchmesser festgehalten, so verkleinert sich beim axialen Zusammendrücken der Innendurchmesser, wodurch ebenso große Spannwege erreicht werden wie beim Spannen von innen (s. Abschn. 10). Das bedeutet z. B., daß die zu spannenden Werkstückdurchmesser nur innerhalb des ISA-Toleranzfeldes 11 zu liegen brauchen (einfach gezogener Werkstoff). Sogenannte „Schrumpffutter" der Bauarten STIEBER, als Umkehrung von Abb. 29, oder HOFER, als Umkehrung von Abb. 30, besitzen die gleichen Spannbereiche und Genauigkeiten wie die entsprechenden Dehndorne (s. Erläuterungen Abschn. 10).

25. Axialspannung. Zwei verschiedene Gründe können Veranlassung geben, ein Werkstück nicht radial, sondern axial zu spannen. Entweder sind die auftretenden Bearbeitungskräfte so ungünstig und erzeugen insbesondere so große Kippmomente, daß das Werkstück aus nur radial spannenden Backen herausgerissen würde, oder das Werkstück ist in radialer Richtung so empfindlich bzw. so nachgiebig, daß man radial nicht spannen kann bzw. darf. Für die Bestimmung des Werkstückes in radialer Richtung muß dann eine entsprechende Aufnahme vorgesehen werden. Diese kann fest sein (Zentrieransatz), wenn die entsprechende Werkstückfläche mit genügender Genauigkeit bearbeitet ist. Unter Umständen muß die Aufnahme jedoch ebenfalls bewegliche Backen haben, die dann jedoch nur mit geringer Kraft am Werkstück angreifen, während das eigentliche Festspannen mit großer Kraft in axialer Richtung erfolgt.

Schon bei der Schilderung der Planscheibe auf S. 22 wurde erwähnt, daß diese auch für axiale Spannung mittels Spanneisen benutzt werden kann. Bei entsprechend vorsichtiger Handhabung ist auch die eben angedeutete Aufspannung mit radialer Bestimmung und axialem Festspannen mit der Planscheibe möglich. Manche handelsübliche Planscheiben sind jedoch so schwach ausgeführt, daß sie sich verziehen und für genaue Arbeit nicht verwendbar sind. Besser als eine Planscheibe mit den üblichen durchgehenden Schlitzen ist eine mit T-Nuten nach Abb. 55, weil der zusammenhängende Körper starr und unnachgiebig ausgebildet werden kann.

Besonders einfach ist axiale Spannung mit Kraftbetätigung möglich, weil ja die Kraft des Spanners bereits in axialer Richtung geliefert wird (s. S. 25). In vielen Fällen braucht man nur eine entsprechende Hammerkopfschraube in die vom Spanner kommende Verbindungsstange zu schrauben und eine Steckscheibe vor das Werkstück zu setzen. Für bequemeres Arbeiten sowie für Werkstücke, die weiter außen gespannt werden müssen, kommen sogenannte Fingerfutter in Betracht (Abb. 67), deren Finger beim Lösen selbsttätig aufklappen und das Werkstück freigeben. Die Spannkraft wird durch einen pendelnden Stern oder Teller gleichmäßig auf alle Finger übertragen.

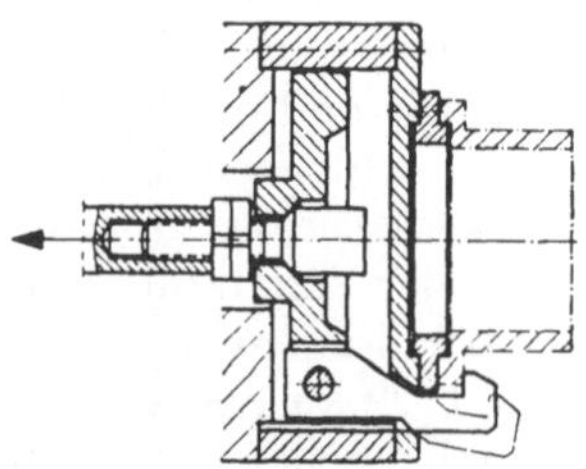

Abb. 67. Fingerfutter für Kraftbetätigung.

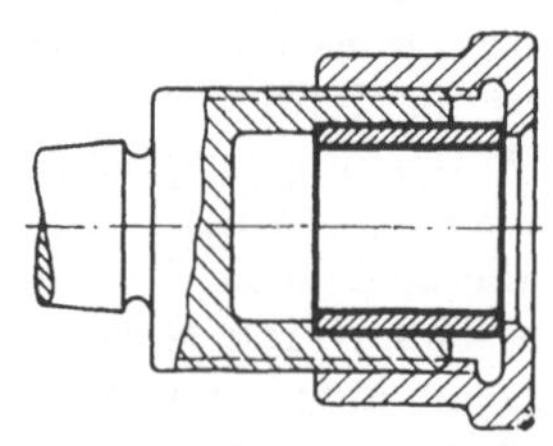

Abb. 68. Axialspannung für das Innenschleifen dünnwandiger Büchsen.

Axialspannung wird auch sehr häufig bei Innenschleifmaschinen und bei Gewindefräsmaschinen angewendet, wenn dünnwandige Teile innen zu schleifen oder mit Gewinde zu versehen sind, weil diese Teile bei radialer Spannung zu stark verformt würden bzw. keine genügende Mitnahmekraft erzielbar wäre. Die Vorrichtungen für Schleifmaschinen müssen wegen der leichten Arbeitsspindeln möglichst klein und leicht sein. Es wird meist unmittelbar mittels einer übergeschraubten Kappe gespannt, Beispiel Abb. 68. Bei Kurzgewindefräsmaschinen wird vielfach die hohle Werkstückspindel von vornherein mit einem Spannrohr versehen, das ein axiales Festspannen der Werkstücke von hinten her gestattet. Betätigung durch von Hand gedrehte Mutter, eingebauten Druckölyzylinder oder aufgesetzten Preßluftzylinder. Die Spindelnase trägt eine mittels Renkverschluß leicht abnehmbare Kappe, hinter die in entsprechende auswechselbare Aufnahmen die Werkstücke gesteckt werden.

D. Gestaltung und Herstellung von Spannbacken für verschiedene Futterarten.

In den vorhergehenden Abschnitten sind nur der innere Aufbau und die hauptsächlichsten Anwendungsgebiete der verschiedenen Futterbauarten beschrieben. Jedes Futter ist aber gewissermaßen nur eine Grundvorrichtung; es wird für eine bestimmte Arbeit erst dadurch geeignet, daß man es mit den dafür passenden Backen versieht. Selbst für das einfachste Futter liefert der Hersteller wenigstens zwei verschiedene Arten von Backen: Die sogenannten Bohrbacken, das sind Stufenbacken mit der höchsten Stufe innen, und die sogenannten Drehbacken, bei denen die höchste Stufe sich außen befindet. Bei manchen, insbesondere hochwertigen Futtern sind die gleichen Backen in beiden Richtungen verwendbar. Hierdurch ist bereits eine gewisse Anpassung an die Art des Werkstückes bzw. der Arbeit möglich. Aber die einmal gegebene Abstufung und Stufenhöhe dieser Backen gestattet das doch nur in beschränkter Weise, und viele Werkstücke können damit nur unvollkommen bestimmt und abgestützt werden, weil man sie mit den gegebenen Spannflächen der universalen Backen nicht an derjenigen Fläche fassen kann, die die sicherste Übertragung der Schnittkräfte ergeben würde. Die gewöhnlichen Stufenbacken können also nur selten die an sich mögliche Leistung übertragen; sei es hinsichtlich Schnittkraft, also Bearbeitungszeit, sei es hinsichtlich der erzielten Genauigkeit. Deshalb gibt es für jedes gute Futter sogenannte Grundbacken, auf denen verschiedene Aufsatzbacken befestigt werden können (Abb. 69). Die Aufsatzbacken werden der Form der zu spannenden Werkstücke angepaßt, so daß sie an der günstigsten Stelle angreifen. Man bezieht dann zu dem Futter sogenannte „weiche Backen" (im Gegensatz zu den gehärteten Stufenbacken), denen man durch Ausdrehen oder Ausfräsen usw. die dem Werkstück entsprechende Form gibt. Für kleine Fertigungsmengen arbeitet man durchaus vorteilhaft mit den weichen Backen unmittelbar nach dem Eindrehen der Spannflächen, um für die nachfolgende Arbeit wieder einen anderen Durchmesser eindrehen zu können. Die weiche Backenoberfläche schont die Oberfläche des zu spannenden Werkstückes und erzielt außerdem auf den

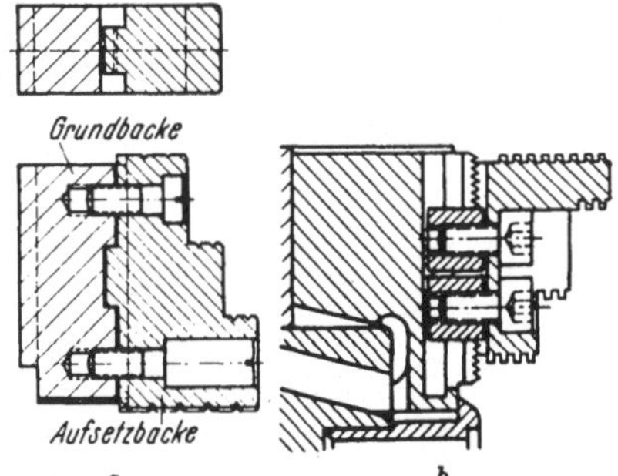

Abb. 69. Grundbacken und Aufsatzbacken. a Aufsatzbacke nicht versetzbar, b Aufsatzbacke versetzbar befestigt.

meisten Werkstoffen eine größere Reibung als eine gehärtete Backe. Abstützung und Mitnahmewirkung sind also ebenfalls besser. Muß eine Backenform länger erhalten bleiben, so ist es natürlich doch vorteilhafter, sie zu härten. Gehärtete

Backen zum Spannen roher Guß- oder Schmiedestücke müssen in der Regel auch verzahnt werden, weil dabei die Reibung allein nicht mehr genügt. Ein zweckmäßiger Werkstoff für harte Aufsatzbacken ist Einsatzstahl C 15.

Bei der Gestaltung wie bei der Anfertigung der Sonderbacken sind gewisse Regeln zu beachten:

Bei jedem Backenfutter nimmt die auf das Werkstück ausgeübte Backenkraft um so stärker ab, je weiter der Angriffspunkt vor der Backenführung liegt, also je höher die Backe ist. Andererseits ist sowohl das übertragbare Drehmoment als auch die stützende Wirkung der Backenkraft um so größer, je größer der Durchmesser ist, an dem sie angreift. Daraus folgt:

Das Werkstück so nah ans Futter wie möglich, die Spannbacke so niedrig wie möglich und den Spanndurchmesser so groß wie möglich machen.

Sehr oft zwingt die gegebene Gestalt des Werkstückes zu einem Kompromiß. Dann ist es gut, sich alle auftretenden Wirkungen vor Augen zu halten und den vorteilhaftesten Ausgleich zu suchen.

Die notwendige Ergänzung einer hurzen Spannfläche ist die Planabstützung des Werkstückes, und zwar ebenfalls an möglichst großem Durchmesser, sei es außerhalb oder innerhalb der Spannfläche. Bei rohen Teilen, also harten, verzahnten Backen, ist die beste Anlage ein in die Backe eingesetzter harter Stift. Bei weichen Backen zum Spannen auf bereits bearbeiteten Flächen kann man das Werkstück unmittelbar an der Backe selbst anliegen lassen. Muß man auf den genauen Planlauf einer vorher gedrehten Fläche besonderen Wert legen, so kann es vorteilhaft sein, besondere feste Anschläge zwischen den Backen anzubringen.

Die Verbindung mit der Grundbacke muß sich nach der Lage der Spannfläche richten und macht deshalb bei kleinen Futtern manchmal Kopfzerbrechen. Wenigstens eine Schraube soll man so unterbringen, daß sie an möglichst großem Hebelarm dem durch die Spannkraft erzeugten Kippmoment entgegenwirkt, also bei einer von außen spannenden Backe möglichst weit innen und bei einer von innen spannenden Backe möglichst weit außen.

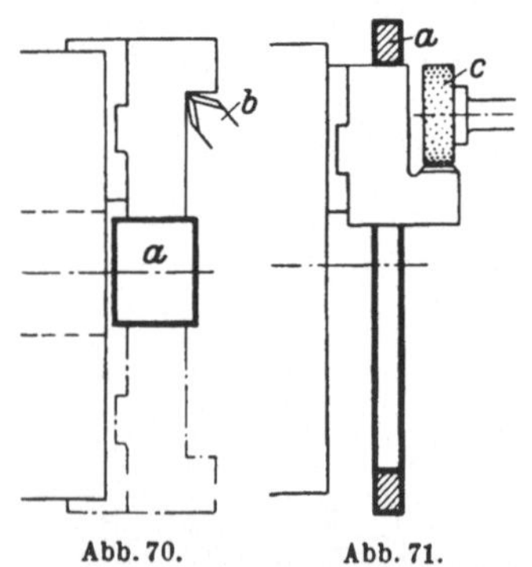

Abb. 70.   Abb. 71.

Abb. 70 u. 71. Einspannen von Hilfswerkstücken beim Ausdrehen bzw. Ausschleifen von Spannbacken.   *a* Hilfswerkstück, *b* Bohrstahl. *c* Schleifscheibe.

Backen zum Spannen auf bereits bearbeiteten Flächen müssen, um ein schlagfreies Werkstück zu bekommen, an den Spann- und Anlageflächen im Futter ausgedreht bzw., wenn sie gehärtet sind, ausgeschliffen werden. Dabei müssen alle Teile des Futters sich im gleichen Zustande befinden wie beim eingespannten Werkstück. Das heißt, während des Ausdrehens bzw. -schleifens muß ein Hilfswerkstück eingespannt sein. Da die fertigzustellenden Spann- und Anlageflächen natürlich frei bleiben müssen, ist das Hilfswerkstück mittels einer benachbarten Fläche zu spannen (Abb. 70—71). Auch daran muß schon beim Entwurf der Backen gedacht werden. Manchmal kann man sich dadurch helfen, daß man in die Schraubenlöcher Bolzen einsetzt, mit denen ein Ring gespannt wird.

Die Schwierigkeiten wachsen, wenn die gleichen Spannbacken für mehrere verschiedene Werkstücke mehrere Spannflächen an verschiedenen Durchmessern aufweisen sollen, wie z. B. beim sogenannten Umspannverfahren auf Revolverbänken und Futterautomaten, mit dem man einen raschen Fluß der Werkstücke erreichen und das Umrichten der Maschine sparen kann.

Man bringt die Werkzeuge für die Bearbeitung beider Seiten des Werkstückes gleichzeitig an verschiedenen Seiten des Revolvers unter und spannt das Werkstück gleich nach Bearbeitung der ersten Seite um. Dazu muß man die Spannbacken so ausbilden, daß sie für jede Aufspannung geeignete Spann- und Anlageflächen besitzen, die sich aber nicht gegenseitig behindern oder den Bearbeitungswerkzeugen im Wege stehen dürfen. Dafür findet sich selbst dann noch oft ein Weg, wenn es zunächst ganz unmöglich erscheint, indem man entweder die Form des Rohteiles entsprechend ausbildet (Abb. 72), oder bei der zweiten Aufspannung ein Hilfs-Spannstück verwendet (Abb. 73).

Solche Backen müssen natürlich wegen des Spannens auf der rohen Fläche gehärtet sein. Das bedeutet, daß die für das genaue Spannen der zweiten Seite bestimmten Flächen entweder weich bleiben müssen, so daß man sie ausdrehen kann, wie oben beschrieben, oder sie müssen ausgeschliffen werden. Das letzte ist vorzuziehen, weil es die meist teuren Backen haltbarer macht. Bleibt eine solche Arbeit nicht dauernd auf der Maschine, so daß die Aufsatzbacken von Zeit zu Zeit gewechselt werden müssen, so muß man sorgen, daß die beim ersten Male her-

gestellte Laufgenauigkeit der Spannflächen beim Wechseln nicht verloren geht, um nicht jedesmal neu ausschleifen zu müssen. Dann ist es besser, nicht die Aufsatzbacken von den Grundbacken abzuschrauben, sondern sie mit diesen zusammen auszuwechseln (sogenannte Backeneinheiten). Bei guten Futtern geht das ohne Genauigkeitsverlust und außerdem auch schneller.

Mit Zusatzvorrichtungen verschiedenster Art sind die gewöhnlichen Backenfutter auch noch für schwierigere Spannaufgaben geeignet. Dies gehört mehr in das Gebiet des Vorrichtungsbaues. Das Werkstattbuch 35, Vorrichtungsbau II gibt eine ganze Reihe von Beispielen hierfür.

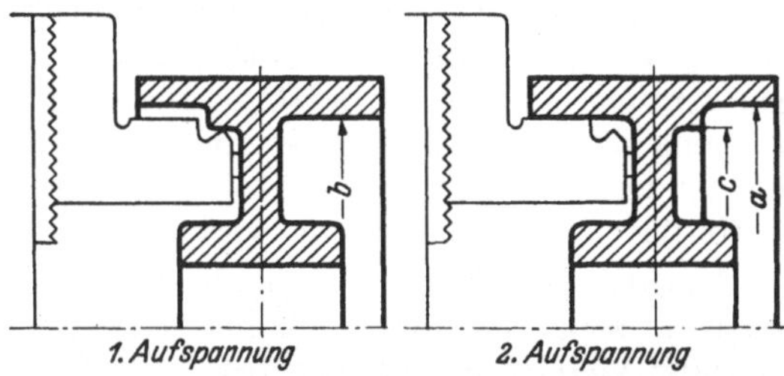

1. Aufspannung   2. Aufspannung

Abb. 72. Umspannverfahren bei einem allseitig zu bearbeitenden Werkstück ermöglicht durch unsymmetrische Formgebung. Rohdurchmesser bei a größer als Fertigdurchmesser bei b. Absatz c kann nötigenfalls in 2. Aufsp. entfernt werden.

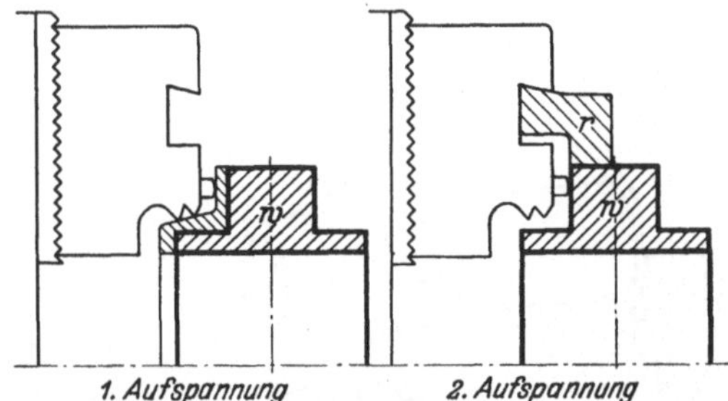

1. Aufspannung   2. Aufspannung

Abb. 73. Umspannverfahren ermöglicht durch Verwendung eines geschlitzten Hilfsringes r in der zweiten Aufspannung (w Werkstück).

E. Setzstöcke.

Bei der Spitzen- wie bei der Futterarbeit kommt es vor, daß das Werkstück noch eine zusätzliche Abstützung erhalten muß, um den Schnittkräften genügend Widerstand leisten zu können. Hierzu dienen die sogenannten Setzstöcke (Lünetten), stillstehende Stützen mit Backen oder Rollen, die gegen das Werkstück „gesetzt" werden und dieses nach Art eines Lagers abstützen.

Der sogenannte *mitgehende* Setzstock wird vor allem beim Drehen sehr dünner langer Wellen zwischen Spitzen und beim Gewindeschneiden angewendet. Er wird am Bettschlitten befestigt, so daß seine Backen immer dem Drehstahl gegenüberstehen. Der *feste* Setzstock wird am Bett selbst angebracht. Man benutzt ihn z. B. beim Ausbohren langer Werkstücke zum Abstützen des offenen Endes (Abb. 74). Auch auf Rundschleifmaschinen werden feste Setzstöcke, manchmal reihenweise, verwendet, um empfindliche Wellen auf der ganzen Länge gegen den Schleifdruck abzustützen.

Bewegliche Setzstöcke, die festen Setzstöcke auf Rundschleifmaschinen und feste Setzstöcke für sehr schwere Werkstücke haben meist nur zwei Backen oder Stützrollen und sind oben bzw. nach dem Werkzeug hin offen, während diejenigen festen Setzstöcke, bei denen mit Kräften in allen Richtungen gerechnet werden muß, 3 Backen bzw. Rollen besitzen. Die meist verwendeten Gleitbacken führen leicht zu Ungenauigkeiten, die erst bemerkt werden, wenn es schon zu spät sein kann. Infolge des Werkstückgewichtes verschleißen die unteren Backen schneller als die oberen, und das Werkstück fluchtet nicht mehr mit der Maschinenspindel, was mit der Meßuhr nicht festgestellt werden kann. Sind Werkstück und Maschinenspindel starr, so beginnt das Werkstück im Futter zu arbeiten und schließlich zu wandern, was z. B. beim Gewindeschneiden Steigungsfehler zur Folge hat, deren Ursache nicht gleich erkennbar ist. Deshalb sind Rollen nach Abb. 75 besser, die bei zweckmäßiger Ausbildung sehr verschleißfest sein können.

Die meisten Setzstöcke haben einzeln verstellbare Backen, wodurch das Anstellen ziemlich mühsam und zeitraubend ist, doch gibt es auch Sonderausführungen, deren Backen wie die eines Futters gemeinsam mittig bewegt werden. Dann wird gelegentlich auch Kraftbetätigung der Backen angewendet. Eine neuere Ausführung hat selbsttätige federnde Anpassung der Backen an wechselnde Durchmesser des Werkstückes, wobei einseitiges Nachgeben gegenüber der Schnittkraft durch Selbsthemmung verhindert wird.

Manchmal dient der Setzstock nicht zur unmittelbaren Abstützung des Werkstückes, sondern stützt lediglich das weit überhängende Spannfutter ab. Er ist dann vielfach als regelrechtes geschlossenes Lager ausgebildet, in dem der Futterkörper mit einer bearbeiteten Außenfläche läuft.

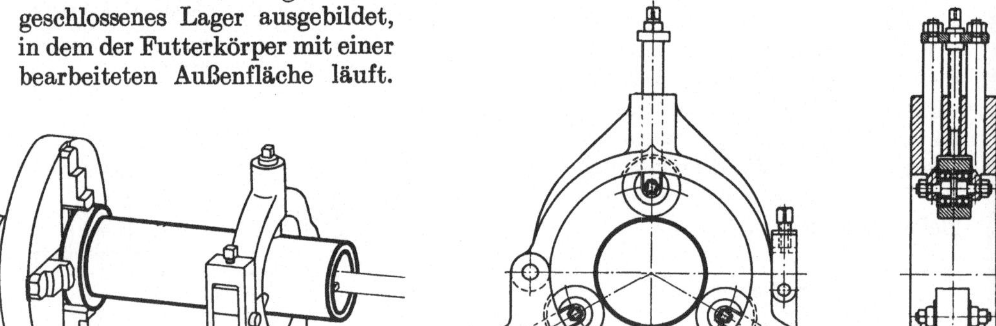

Abb. 74. Fester Setzstock (Lünette) zur Unterstützung eines fliegend aufgespannten Werkstückes.

Abb. 75. Setzstock mit Rollen.

IV. Spannen auf Maschinentischen.

Wenn auch die grundlegenden Gesetze des Spannens bei jeder Bearbeitungs- und Maschinenart in gleicher Weise gelten, so sind doch die zum Spannen verwendeten Mittel recht verschieden. Auf allen Maschinen, bei denen das Werkstück sich nicht dreht, benutzt man ganz andere Hilfsmittel als auf Drehbänken und Rundschleifmaschinen, Gewindefräsmaschinen usw. Hier besitzt die Maschine zur Aufnahme des Werkstückes im allgemeinen nur eine ebene Fläche mit Schraubennuten, Schlitzen und/oder Löchern. Wir bezeichnen das der Einfachheit wegen als „Tisch", wollen aber darunter ganz allgemein jede ebene Aufnahmefläche für Werkstücke verstehen, also z. B. auch die Konsole einer Shapingmaschine oder die unbewegliche Grundplatte einer Radialbohrmaschine oder eines großen Bohrwerkes. Einige Überschneidungen kommen natürlich vor. So werden wir unter den Anwendungsbeispielen dieses Hauptabschnittes manche Aufspannung auf der Planscheibe einer Drehbank oder Karusselldrehbank finden. In diesen Fällen sind die

Planscheiben aber nicht mehr dem Backenfutter ähnlich, sondern sind eben umlaufende Maschinentische. Beim Spannen auf Maschinentischen kann man drei Hauptgebiete unterscheiden:

Für kleine und nicht zu verwickelte Werkstücke benutzt man Spannstöcke oder spannstockartige Normalvorrichtungen, gegebenenfalls in Verbindung mit Sonderspannbacken und Zusatzgeräten. Diese behandelt der Abschnitt IV A.

Für Werkstücke, die sich im Spannstock ihrer Größe oder Form wegen nicht spannen lassen, die man aber aus Gründen der Wirtschaftlichkeit ebenso schnell und bequem wie im Spannstock spannen muß, benutzt man Sonderspannvorrichtungen, die meist dem betreffenden Werkstück entsprechend entworfen und hergestellt werden. Das ist eine Aufgabe des Vorrichtungsbaues, und dafür sei auf die Werkstattbücher 33, 35 und 42 „Vorrichtungsbau Teil I, II und III" verwiesen.

Werkstücke der eben genannten Art, für die auch die Anfertigung von Sondervorrichtungen nicht in Betracht kommt, weil nur ein einziges oder wenige Stücke zu bearbeiten sind, sowie Werkstücke sehr großer Abmessungen, für die Vorrichtungen im eigentlichen Sinne keine Vorteile bieten, weil sie sehr groß und teuer werden und die mögliche Ersparnis bei der Länge der Bearbeitungszeit nur gering ist oder weil der Platz auf dem Maschinentisch sonst nicht reichen würde, spannt man mit allgemeinen Spannmitteln wie Spannschrauben, Spanneisen, Kloben, Stützen usw. in Verbindung mit Auflagen und Anschlägen. Diese Spannmittel sind zwar umständlicher und zeitraubender in der Anwendung, können aber dafür in vielseitigster Weise in immer wieder anderer Gruppierung verwendet werden. Hiervon handelt der Abschn. IV B, S. 41.

A. Vollständige Spannwerkzeuge zur Verwendung auf Tischen.

26. Maschinenspannstöcke haben für die Langbearbeitung etwa die gleiche Bedeutung, wie Planscheiben und Backenfutter für die Rundbearbeitung. Entsprechend den sehr verschiedenen Anforderungen der einzelnen Bearbeitungsarten gibt es sehr vielerlei Ausführungen. Die wichtigsten Anwendungsgebiete sind

Bohren auf der Bohrmaschine

Fräsen, sowie Hobeln auf der Kurzhobel(Shaping-)maschine

Zentrieren (Ankörnen), Gewindeschneiden, Abstechen von Rohren mittels kreisenden Messers, Anspitzen von Rundstangen usw.

Keilnutenfräsen

Werkzeugherstellung (allseitig verstellbare und neigbare Spannstöcke)

Kaltsägen und Stumpfschweißen.

Wichtig für ein zufriedenstellendes Arbeiten mit einem Spannstock ist, daß er zweckentsprechend ausgewählt und richtig behandelt wird. Es gibt zwischen den Spannstöcken sehr große *Güteunterschiede*, sowohl in der Konstruktion als auch in Werkstoff und Ausführung. Das hat eine gewisse Berechtigung, da sehr viele Spannstöcke nur für grobe oder untergeordnete Arbeiten oder für gelegentliche Benutzung bestimmt sind und deshalb billig sein müssen. Leider verleitet diese Tatsache jedoch manchmal dazu, für laufende Maschinenarbeit völlig ungeeignete, unzweckmäßig konstruierte oder nicht mit genügender Sorgfalt hergestellte Spannstöcke anzuschaffen, oder für schwere Arbeiten Bauarten zu benutzen, die zwar an sich gut, aber nur für leichtere Arbeiten bestimmt sind.

Auch in der Handhabung bzw. Anwendung eines an sich geeigneten Spannstockes können Fehler gemacht werden. Der Spannstock hat von Haus aus in der Regel einfache ebene Spannbacken. Ebenso wie man im Dreibackenfutter mit den üblichen Stufenbacken nur Werkstücke einfacher Form spannen kann, kann man auch mit den ebenen Spannbacken des Spannstockes nur einfache, ebenflächige Werkstücke gut spannen. Für Werkstücke unregelmäßiger Form muß man sich Sonderbacken, mindestens Prismenbacken od. dergl. anfertigen, um sicherzustellen, daß die Werkstücke nicht nur richtig bestimmt, sondern auch möglichst günstig abgestützt werden und ein Herausreißen durch die Schnittkräfte verhütet wird. Ist die notwendige günstige Abstützung nicht durch die Backenform gewährleistet, so sucht der Arbeiter die nötige Sicherheit durch größere Spannkraft zu erreichen. Das gleiche tritt ein, wenn der Spannstock zu leicht oder sonstwie für die Arbeit ungeeignet ist, wenn also z. B. ein Schnellspannstock, der für Bohrarbeiten bestimmt ist und eine entsprechende Übersetzung besitzt, auf einer Fräsmaschine benutzt wird. Die mit dem gewöhnlichen Schlüssel erzielbare Spannkraft reicht dann meist nicht mehr aus; so hilft man sich durch Hammerschläge auf den Schlüssel. Diesen sind aber Spindel, Mutter und Führungen des Spannstockes in der Regel nicht gewachsen, ja meist nicht einmal der Schlüssel selbst. Die Spindel und die Führungen verschleißen und ecken, die Reibung vergrößert sich, die Spannkraft läßt nach und es muß noch heftiger geschlagen werden. Bei den meisten Spannstöcken ist es außerdem noch nötig, das Werkstück auf die Unterlage zurückzuschlagen, da es sich beim Spannen anhebt. Auch diese Schläge wirken sich auf die Dauer nachteilig auf den Spannstock aus. Bei der Beschreibung der verschiedenen Bauarten soll deshalb versucht werden, darzulegen, wie die geschilderten Mängel vermieden werden können.

Die meisten Spannstöcke werden mittels Gewindespindel (Schraube) gespannt und deshalb auch Schraubstöcke genannt. Daneben gibt es sogenannte Schnellspannstöcke, teils ebenfalls mit Gewindespindel, aber einem zusätzlichen Leerweg für schnelles Anstellen und Zurückziehen, ermöglicht durch wegklappbaren Riegel (Beisp. Abb. 80), oder durch Schwenken der Spindel selbst, teils mit Exzenterspannung (Abb. 76). Eine dritte Gruppe bilden die kraftbetätigten Spannstöcke mit Preßluftbetätigung, sowie für Sonderzwecke auch solche mit Öldruckspannung (z. B. an Kaltsägen) sowie elektrischer Spannung (z. B. an Stumpfschweißmaschinen); die beiden letzten, meist als Bestandteile der betreffenden Maschinen gebaut, sollen hier nicht weiter behandelt werden.

Nach ihrer Grundform kann man folgende Arten von Spannstöcken unterscheiden:

a) **Volleinmittende Spannstöcke**, etwa nach Art mittiger Zweibackenfutter, zur Verwendung z. B. auf Wellenzentriermaschinen, Gewindeschneid-

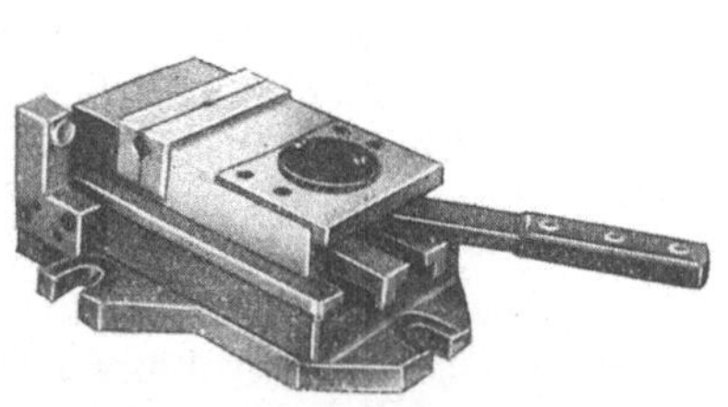

Abb. 76. Loewe-Schnellspannstock. Der Handhebel bewegt beide Backen gleichzeitig und gleichmäßig aufeinander zu.

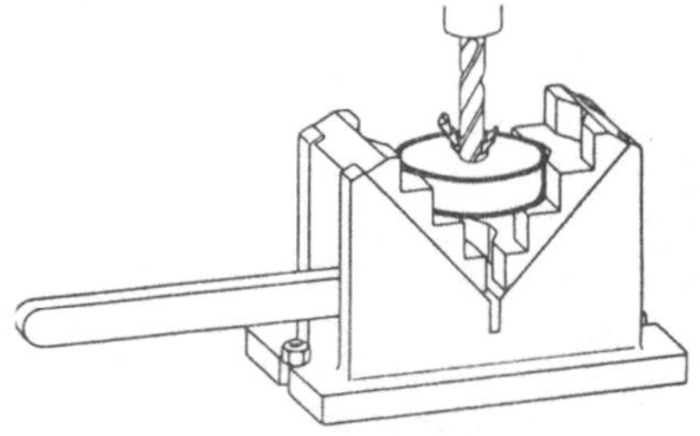

Abb. 77. Selbstspannender Zentrierspannstock für Bohrmaschinen.

maschinen, Stangenspitzmaschinen usw. Dies sind häufig Sonderausführungen, die mit den betreffenden Maschinen geliefert werden. Sie werden neuerdings auch mit Preßluftspannung ausgeführt. Einen mittigen Schnellspannstock mit Exzenterspannung für allgemeine Arbeiten zeigt Abb. 76. Er wird in zwei verschiedenen, äußerlich jedoch ganz ähnlichen Ausführungen, für Bohrmaschinen bzw. für Fräsmaschinen, z. B. zum Keilnutenfräsen hergestellt. Nur für den Gebrauch auf Bohrmaschinen geeignet ist der selbstspannende Zentrierstock nach Abb. 77. Die prismenartig zueinander geführten Backen bewegen sich unter dem Druck des Bohrwerkzeuges schräg nach unten und klemmen somit das Werkstück fest. Geöffnet werden die Backen durch den Handhebel, durch den nötigenfalls die selbsttätige Spannung noch unterstützt werden kann. Das muß z. B. im Augenblick des Durchbohrens geschehen, weil dann durch das Nachlassen der Vorschubkraft auch die Selbstspannung aufhört. Dieser Spannstock ist besonders beim Bohren von flachen Rundkörpern praktisch.

b) Halbeinmittende Spannstöcke, z. B. nach Abb. 78, benutzt man für das Fräsen von Keilnuten in Wellen und für ähnliche Arbeiten. Sie mitten das Werkstück nur in einer Ebene, nämlich der durch die Achse der Frässpindel und die Vorschubrichtung gebildeten, ein. Die Genauigkeit ist hoch, weil sie ausschließlich durch das feste Prisma bestimmt wird. Die um Lagerbolzen schwingenden Spannbacken drücken das Werkstück gegen die Prismenflächen. Sie werden durch die Gewindespindel derart gemeinsam angetrieben, daß die Kräfte sich ausgleichen. Der abgebildete Spannstock kann je nach Art der Maschine stehend oder liegend verwendet werden.

c) Parallelspannstöcke, bei denen eine ebene Spannbacke feststeht und die zweite sich parallel dazu bewegt, gibt es mit direktem Antrieb nach Abb. 79, als sogenannte Unterzugspannstöcke nach Abb. 80 und als Preßluftspannstöcke nach Abb. 82. Die früher manchmal hergestellten Spannstöcke mit oben geführter Backe und untenliegender Spindel kommen heute für Fertigungszwecke nicht mehr in Betracht, weil sie zu ungünstige Führungs- und Bewegungsverhältnisse haben.

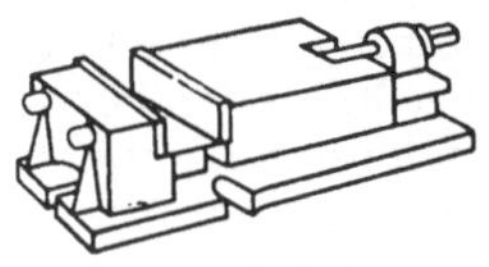

Abb. 79. Parallel-Schraubstock mit direktem Antrieb der auf der Spindelseite liegenden Backe.

Abb. 78. WERNER-Zentrierschraubstock für das Fräsen von Nuten in Wellen.

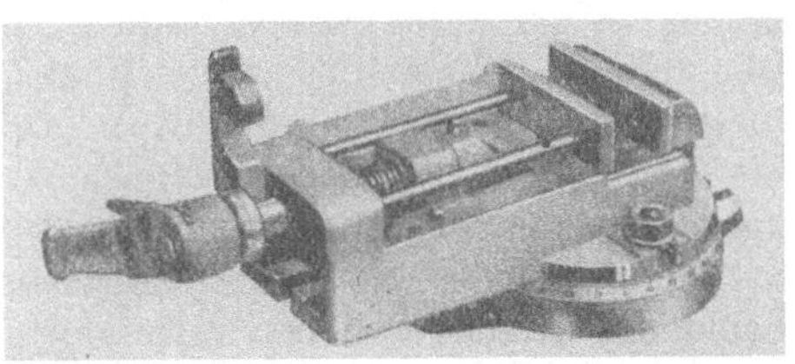

Abb. 80. WERNER-Unterzug-Spannstock mit Schnellspannung. Die der Spindel abgewandte Backe wird durch die Spindelmutter unter der festen Backe her gezogen.

d) Hebelspannstöcke mit einer festen Backe und einer Hebelbacke, die so gelagert ist, daß sie das Werkstück nicht nur gegen die Backe, sondern auch etwas gegen die Auflage drückt, nach Abb. 81.

Es wurde bereits angedeutet, daß es für Serienarbeit unerläßlich ist, die Form der Spannstockbacken dem Werkstück anzupassen, also Sonderbacken herzustellen, wenn die zu spannenden Flächen des Werkstückes nicht parallel sind. Wird

das versäumt, so muß bei jedem Stück gefummelt werden, was mindestens Zeitverlust, meist auch Qualitätsverschlechterung bedeutet. Ein guter Spannstock
mit zweckmäßigen Sonderbacken kann manche
Sondervorrichtung sparen.

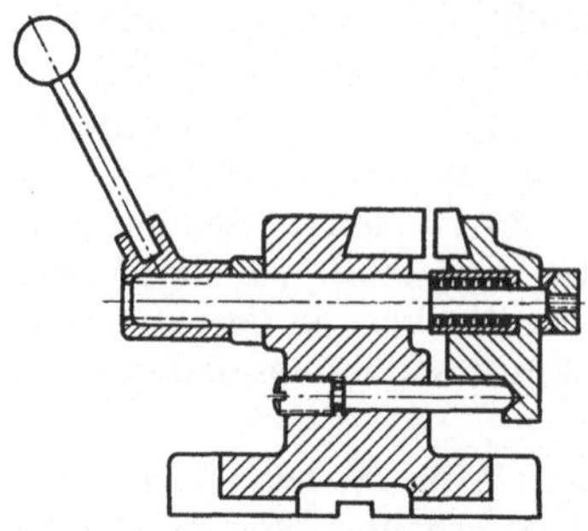

Schon seit Jahrzehnten werden Spannstöcke auf den
Markt gebracht, die die Anfertigung von Sonderbacken
dadurch entbehrlich machen, daß die bewegte Spann-
stockbacke selbst *zusätzliche Bewegungsmöglichkeiten* besitzt und sich dem Werkstück entsprechend einstellen
kann. Da gibt es Backen, die aus vielen für sich beweglichen Einzelstücken zusammengesetzt sind, die untereinander durch Pendelstücke oder durch einen mit
Stahlkugeln oder einer plastischen Masse gefüllten
Druckraum ausgleichend verbunden sind und dadurch
die Spannkraft auf viele Punkte einer beliebigen Werkstückform verteilen. Andere beschränken sich darauf,
die Spannkraft an zwei Punkten angreifen zu lassen, was

Abb. 81. Hebel-Spannstock.

bei genügend starrem Werkstück immer genügt. Derartige Lösungen können wertvoll sein,
wenn sie gut ausgeführt sind, insbesondere die Grundkonstruktion des Spannstockes selbst
gesund ist, und wenn man sie mit Überlegung anwendet.

Man muß aber daran denken, daß jedes zusätzliche Element und jede Beweglichkeit, die
nicht unbedingt gebraucht wird, leicht mehr schaden als nützen kann. Unter den Einwirkungen
des Betriebes: Kräfte, insbesondere Schläge, Späne, Schmutz, Kühlwasser, Rost, können
unerwünschte zusätzliche Bewegungsmöglichkeiten entstehen, die das weiter unten behandelte
Aufbäumen der Backen begünstigen. Umgekehrt kann aber auch die beabsichtigte Bewegung
nach einiger Zeit gehemmt sein, ohne daß es gleich gemerkt wird, was unzureichende einseitige
Spannung und Werkzeugbruch zur Folge haben kann. Für derartige Betriebsmittel gilt in
besonderem Maße, daß ihr Wert oder Unwert nicht absolut ist, sondern erheblich von den
Umständen der Anwendung, nicht zuletzt von der mehr oder weniger pfleglichen Behandlung,
abhängt, so daß ein Urteil erst nach längerer Benutzung gefällt werden kann und dann auch
nur für den betreffenden Fall zu gelten braucht.

Vor allem die Parallelspannstöcke werden in sehr vielen verschiedenen Bauarten
und Gütegraden, in leichter und schwerer Ausführung geliefert, so daß man stets
sorgfältig prüfen muß, ob der Spannstock auch für den Zweck der richtige ist. Zur
Verwendung auf Bohrmaschinen gibt es sehr leichte Spannstöcke, z. B. als Schraubstock, der an Stelle des Knebels oder Schlüssels nur einen Griff oder einen ge-
rändelten Knopf trägt. Die schwereren Formen haben einen aufsteckbaren Schlüssel.
Alle Parallelspannstöcke mit direktem Antrieb nach Abb. 79, die an sich den Vorteil bester Kraftausnutzung haben, leiden mehr oder weniger darunter, daß das
Werkstück, selbst wenn man es vorher fest auf die Unterlage gedrückt hat, sich
im Augenblick des Spannens etwas anhebt, weil die bewegliche Backe sich in ihrer
Führung unter der Spannkraft etwas schief stellt. Die unter Druck stehende
„Kette": Spindel bzw. Exzenter-Backe-Werkstück, welche Teile ja alle mehr oder
weniger nachgiebig bzw. beweglich sind, will unter der Spannkraft ausknicken,
und da sie das nur nach oben kann, heben sich die drei Teile so weit, bis die Führung
der Backe das weitere Anheben verhindert. Das Aufbäumen wird daher besonders
stark, wenn die Führung schon etwas Spiel hat. Wenn es auf genaues Arbeiten
ankommt, stört es schon bei eng geführter Backe. In ungünstigen Fällen kommt
man auch durch Niederklopfen des Werkstückes nicht mehr gegen diese Erscheinung an. Ein Mittel, das Anheben des Werkstückes zu verhindern, sind sogenannte
Tiefziehbacken. Das sind gewissermaßen „Aufsatzbacken", die an den „Grundbacken" des Spannstockes auf Keilflächen oder mittels gelenkartiger Zwischen-
stücke beweglich angebracht sind und im unbelasteten Zustande durch Federn
gehalten werden, derart, daß sie sich unter der Spannkraft etwas abwärts bewegen und hierbei das Werkstück nach unten ziehen. Die oben erwähnte „Knickkette" ist hier um 2 Glieder vermehrt und wird durch die Lage der zusätzlichen

Gelenke und die Vorspannung der Federn in solcher Weise beeinflußt, daß die „Knicklinie" ein liegendes S wird, wobei der nach unten gerichtete Bogen aus den beiden „Aufsatzbacken" und dem Werkstück gebildet wird. Es gibt Spannstöcke, die von vornherein mit solchen Tiefspannbacken ausgerüstet sind. Hierbei sind jedoch *beide* Backen beweglich, ihre Lage im gespannten Zustande ist unbestimmt, ein genaues Bestimmen des Werkstückes also nach keiner Fläche möglich. Bei manchen Bauarten ist sogar die Parallelität der Backen in Frage gestellt. Im übrigen gilt für die „Tiefziehbacken" das Gleiche, was oben über Ausgleich- und Pendelbacken gesagt wurde. Haben sie durch die Betriebseinwirkungen ihre Beweglichkeit verloren, so ist es schlechter als ohne sie.

Bei flachen Werkstücken kann man das Anheben verhältnismäßig leicht verhindern, wenn es der Arbeitsvorgang zuläßt, daß die Spannbacken höher sind als das Werkstück, und zwar durch Zwischenlegen von Hilfsspannleisten nach Abb. 133.

Wesentlich günstiger sind die sogenannten *Unterzugspannstöcke* (Abb. 80), bei denen die bewegliche Backe nicht gedrückt, sondern gezogen wird. Hierbei kann zwar auch die Formänderung der Backen unter dem Spanndruck ein Schiefstellen und ein Klaffen nach oben zur Folge haben. Dem kann man aber verhältnismäßig leicht durch eine entsprechende Neigung der Spannflächen Rechnung tragen. Das lästige Aufbäumen der Backe (das Ausknicken der oben erwähnten „Kette") kann jedoch nicht eintreten, da die Backe nicht gedrückt, sondern gezogen wird. Ihre Ausweich- bzw. Aufbiegebewegung beim Spannen wird sogar nach abwärts gerichtet sein und daher das Werkstück eher auf die Auflage herunterziehen. Bei der Hebelbauart nach Abb. 81 wird das Abheben von vornherein vermieden, da auch die elastische Formänderung der beweglichen Backe deren Kraftrichtung nicht ändern kann, die das Werkstück stets auf die Unterlage herunterdrückt. Eine „Knickkette" in dem oben geschilderten Sinne ist hier nicht vorhanden.

Zur Verwendung auf Universalfräsmaschinen u. dgl. werden Spannstöcke vielfach auf drehbare Unterteile gesetzt. Für Arbeiten im Werkzeugbau verwendet man darüber hinaus Spannstöcke mit allseitig schwenk-, dreh- und neigbaren Untersätzen der verschiedensten Ausführung.

Der *Preßluftspannstock* Abb. 82 ist ein unmittelbar wirkender Parallelspannstock. Der Preßluftzylinder besteht mit dem Spannstockkörper aus einem Stück.

Die Kraft des Preßluftkolbens wirkt auf einen Hebel, der die bewegliche Backe antreibt. Die Übersetzung ist so groß, daß nicht nur die gleiche Kraft wie mit einem Spindelschraubstock erreicht wird, sondern auch praktisch ausreichende Selbsthemmung vorhanden ist. Zwischen Hebel und Backe ist eine

Abb. 82. Preßluft-Spannstock für Fräsmaschinen.

Spindeleinstellung zur Veränderung der Spannweite vorgesehen. Ein beweglicher Schlauch führt die Preßluft dem in den Deckel des Zylinders eingebauten Steuerhahn zu, dessen Handhebel so angeordnet ist, daß er in keiner Stellung über die Oberkante des Spannstockes hinausragt, also niemals in den Fräserweg kommen kann. Die Gesamtanordnung hat den Vorteil, daß der Steuerhahn auf der Seite der festen Backe liegt, also im Regelfalle während des Werkstückwechsels dem Fräser gegenüber.

Auch in den oben erwähnten anderen Grundformen werden preßluftbetätigte Spannstöcke gebaut, d. h. also, mittig spannend (Abb. 76), halbmittig spannend (Abb 78) oder als Hebelspannstock (Abb. 81). Neuerdings gibt es auch handbetätigte Spannstöcke mit mechanischem Spannarbeitsspeicher (s. S. 8) in verschiedenen Ausführungen.

Befestigung der Spannstöcke. Die meisten Spannstöcke weisen 2 oder 4 Schraubenschlitze auf, mit denen sie am Maschinentisch befestigt werden sollen. Es zeigt

sich manchmal, daß die Befestigung eines langen Spannstockes nur an den beiden
Enden nicht genügt. Durch die Spannkraft biegt sich der Spannstockkörper etwas
auf und hebt sich dann in der Mitte ab. Es ist zwar selbst bei Vorhandensein seit-
licher Schraubenschlitze nicht immer möglich, auch darin Schrauben anzubringen,
weil der Nutenabstand des Tisches nicht paßt, aber man
sollte dann in der Mitte auf beiden Seiten Spanneisen
ansetzen, die den Schraubstock sicher festhalten. Zum
mittigen Ausrichten der Spannstöcke auf dem Maschinentisch werden meist noch feste Nutensteine benutzt, die
an beiden Enden unter den Spannstock geschraubt werden
und in die Schraubennuten des Tisches passen sollen.
Diese sind sehr lästig, führen leicht zu Beschädigungen
und Verletzungen und werden selbst bald zerstoßen.
Außerdem muß man mit verschiedenen Schlitzbreiten
bei verschiedenen Maschinen rechnen. Besser sind des-

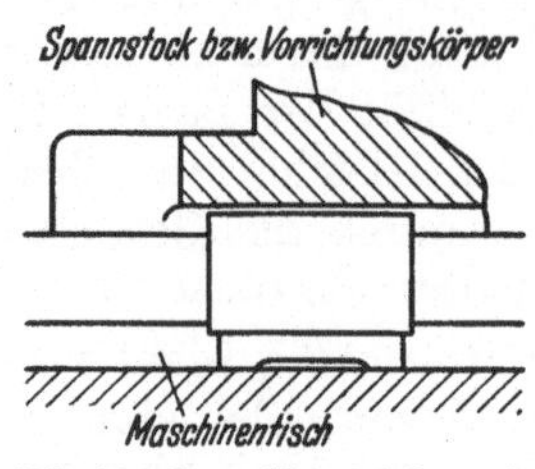

Abb. 83. Loser Nutenstein nach
DIN 6323.

halb lose Nutensteine nach DIN 6323, Abb. 83. Der Spannstock hat unten
eine gehobelte Nute im genormten Maß 20×6 mm. Nachdem er in Stellung
gebracht ist, wird an jedem Ende ein Nutenstein untergeschoben.

Bei Spannweiten für die ein gewöhnlicher Spannstock nicht mehr reicht,
nimmt man schraubstockartige Spannwinkel nach Abschn. 35.

27. Magnetspannplatten sind vor allem wichtig für das Flächenschleifen, insbesondere für das Planparallelschleifen, weil die Werkstücke ohne Backen u. dgl.
lediglich an ihrer ebenen Unterseite festgehalten werden. In Verbindung mit
Magnet-Hilfsblöcken usw. kann man sie jedoch auch zum Schleifen solcher Flächen
benutzen, die nicht parallel zur Auflagefläche sind. Je nach der Arbeitsweise der
Maschine gibt es rechteckige und runde Magnetspannplatten. Für andere Bearbeitungsarten als Schleifen läßt sich die magnetische Spannung nur selten anwenden, weil die erzielbare Spannkraft nur gering ist. Während es früher nur
elektrische Magnetspannplatten gab, die zu ihrem Betriebe Gleichstrom, (d. h. also
meist einen Gleichrichter) benötigen, hat man neuerdings auch solche mit Dauer-
magneten, die keine Stromzuführung erfordern. Auch diese können durch einen
kleinen Hebel ein- bzw. ausgeschaltet werden, und zwar werden hierbei die eingebauten Hochleistungsdauermagneten so verschoben, daß sie einmal durch die aus
Weicheisen bestehenden Pole der eigentlichen Spannplatte magnetisch kurz-
geschlossen werden (ausgeschaltete Stellung), und das andere Mal offen sind
(Spannstellung).

Die auf der Magnetplatte bearbeiteten Werkstücke, insbesondere gehärtete, behalten den
Magnetismus nach dem Entspannen bei. Da dieser oft unzulässig bzw. störend ist, muß er
mittels eines besonderen Entmagnetisierapparates wieder beseitigt werden. Das ist ebenfalls
eine Art Magnetplatte, die aber mit Wechselstrom betrieben wird und durch den raschen Pol-
wechsel die darauf gelegten Stücke schnell wieder unmagnetisch macht.

Bei Anschaffung bzw. Anwendung von Magnetspannplatten ist auf folgendes
zu achten: Die Spannplatten werden mit verschiedener Polteilung ausgeführt, d. h.
entweder mit vielen kleinen, oder mit wenigen großen Polen. Die einzelnen Pole
sind durch einen nicht magnetischen Werkstoff, meist Messing, voneinander getrennt. Die Ausführung mit vielen Polen braucht man nur, wenn hauptsächlich
kleine Stücke gespannt werden, denn jedes Werkstück soll wenigstens 3, möglichst
noch mehr Pole bedecken. Wichtig ist auch, daß die Magnetspannplatte gut gegen
das Eindringen des Schleifwassers geschützt ist. Sie muß auch in sich recht starr
sein. Bei weniger guten Bauarten kommt es vor, daß sich die Spannplatte im

gespannten Zustande wirft, d. h. krumm wird, und zwar ganz verschieden, je nachdem welcher Teil der Oberfläche mit Werkstücken bedeckt ist und welcher nicht. Sehr wichtig ist, daß die Spannplatte auf ihrer ganzen Fläche satt am Maschinentische anliegt. Man beachte die von den Herstellern der Magnetplatten gegebenen Anweisungen, wie dies im einzelnen Falle sichergestellt werden kann.

28. Saugspannung. Um Teile aus nichtmagnetischen Werkstoffen ebenso wie auf einer Magnetspannplatte aufspannen zu können, wendet man gelegentlich auch Saugspannung an. Abb. 84 zeigt das Grundsätzliche, und zwar eine Saugspannplatte für ein Werkstück, das diese ganz bedeckt. Damit die Luft rasch unter der ganzen Oberfläche weggesaugt wird, ist die Platte mit einem Netz von Kanälen überzogen, die alle mit der Saugöffnung verbunden sind. In einer ringsumlaufenden Nut liegt eine Gummidichtung. Für sehr empfindliche dünne Platten (Druckplatten) muß man sogar das Netz fortlassen und sich mit einem dünnen Saugloch in der Mitte begnügen, weil sich sonst das Netz auf der fertig bearbeiteten Fläche abzeichnen würde. Für kleinere Werkstücke kann man auch Gumminäpfe nach Abb. 85 verwenden, jedoch ist stets darauf zu achten, daß die Werkstücke nicht in den Hohlraum hinein durchgebogen werden.

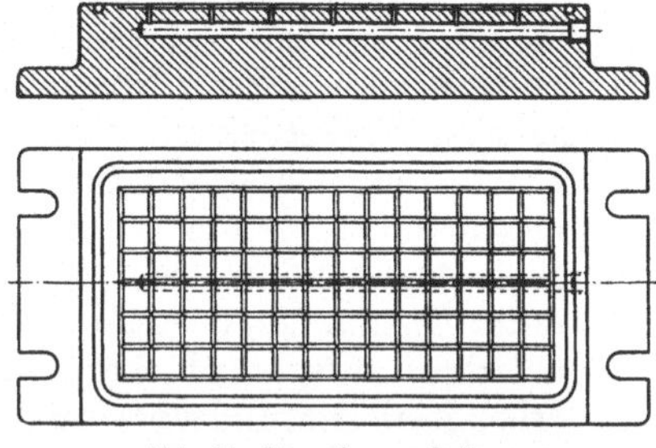

Abb. 84. Saug-Spannplatte.

Abb. 85. Gummi-Saugnapf.

Zum Betreiben der Saugspanngeräte braucht man in der Regel eine Vakuumpumpe; die meisten gebräuchlichen Luftverdichter können auch als solche benutzt werden. Nur bei sehr kurzen Bearbeitungszeiten kommt man unter Umständen mit einem gewichtsbelasteten Saugkolben aus, der dann jedesmal wieder auf die ursprüngliche Höhe gebracht werden muß. Es sind auch Saugspanngeräte entwickelt worden, bei denen Preßluft über einen Kolben das Vakuum erzeugt, so daß man sie an der gewöhnlichen Preßluftleitung benutzen kann.

B. Allgemeine Spann- und Hilfsspannmittel für das Spannen auf Maschinentischen.

Die in diesem Abschnitt behandelten allgemeinen Spannmittel sind besonders für den allgemeinen Maschinenbau, aber auch für viele andere Fertigungszweige von sehr großer Bedeutung. Wegen ihrer Einfachheit werden sie leider nicht überall ausreichend beachtet, was dazu führt, daß vielfach dem Betriebe diese wichtigen Hilfsmittel nur in unzureichender Güte und Menge und in wenig zweckmäßiger Zusammenstellung zur Verfügung stehen bzw. die vorhandenen sich in mangelhaftem Zustande befinden. Die Maschinenarbeiter sind dann mehr oder weniger auf Selbsthilfe angewiesen und arbeiten oft mit erbarmungswürdigem Ersatz, den sie sich schlecht und recht selbst zusammengeflickt oder aus der Schrottkiste herausgesucht haben. Deshalb wird gerade dieses Gebiet im nachfolgenden besonders sorgfältig behandelt, und es werden bewährte, gute Spannhilfsmittel dargestellt. Ein Teil davon ist genormt und im Handel käuflich. Vieles muß der Betrieb selbst anfertigen und sich dafür seinem Arbeitsgebiet entsprechend Werksnormen schaffen. Die Herstellung ist unter Umständen als Übungsarbeit für die Lehrwerkstatt geeignet. Es ist auch gut, sich von Zeit zu Zeit die Kataloge der Spannmittelhersteller bzw. der Werkzeughandelsfirmen anzusehen, da auf diesem Gebiete immer wieder Neuerungen herauskommen, deren Bedeutung man erfahrungsgemäß oft nicht gleich erfaßt, selbst wenn man sie zufällig einmal sieht. Betrachtet man sich die Druckschriften aber später einmal wieder, so wird man unter Umständen finden, daß eine in der Zwischenzeit aufgetretene Aufgabe durch eine früher nicht beachtete Neuerung besser oder bequemer gelöst werden kann, als wenn man sich selbst helfen müßte.

Das Anwendungsgebiet der hier zu behandelnden Spannmittel wurde bereits auf S. 35 umrissen. Es ist das letzte der drei dort aufgeführten Hauptgebiete.

Diese Spannmittel sind selten einzeln anwendbar. Meist ist eine ganze Anzahl von ihnen in einer dem Werkstück angepaßten Gruppierung gleichzeitig notwendig. Oft dienen sie auch nur zur Unterstützung der Hauptspannmittel bei sperrigen oder nachgiebigen Werkstücken. Während bei allen anderen Spannaufgaben ein erfolgreiches Arbeiten meist schon durch die Bereitstellung der richtigen Mittel gesichert ist, müssen auf dem jetzt zu behandelnden Gebiete stets Geschicklichkeit und Findigkeit des Arbeiters oder wenigstens des Meisters dazu kommen, denn man kann unter Umständen dasselbe Stück mit den gleichen Mitteln sehr gut, aber auch sehr fehlerhaft aufspannen, kann aber auch andererseits nur selten die günstigste Art vorher festlegen und vorschreiben.

29. Spannschrauben. Zum mittel- oder unmittelbaren Aufspannen der Werkstücke und der Spannvorrichtungen verwendet man Schrauben nach Abb. 86, die in die T-förmigen Nuten der Maschinentische hineingeschoben werden. Wird es erforderlich, zwischen zwei bereits festgespannte Schrauben noch eine oder mehrere andere zu setzen, so müßte man bereits festgezogene Schrauben wieder entfernen. Um das zu vermeiden, verwendet man die nicht in allen Betrieben bekannten sogenannten „Riegelschrauben" nach Abb. 87, die von oben an beliebiger Stelle in die Nuten hineingesteckt und durch Rechtsherumdrehen abgeriegelt werden. Das

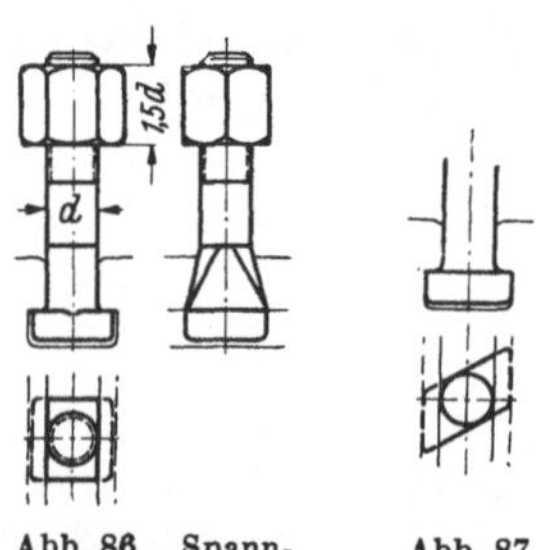

Abb. 86. Spann-
schraube nach
DIN 787 und Mutter
nach DIN 6330.

Abb. 87.
Riegel-
spann-
schraube.

Fehlen solcher Schrauben in der Werkstatt bedeutet oft einen erheblichen Zeitverlust, besonders bei Langhobelmaschinen, deren lange Spannuten erst von Spänen gesäubert werden müssen, bevor die Schrauben einzuführen sind. Ihre bequemere Handhabung darf aber nicht zur ausschließlichen Verwendung dieser Riegelschrauben führen, da sie infolge der kleineren Auflagefläche ihres Kopfes die T-Nuten stärker beanspruchen und bei häufiger Benutzung an der gleichen Stelle beschädigen können. Spannschrauben und Muttern müssen auch nach häufigem Anziehen noch einwandfreies Gewinde besitzen, damit die Schlüsselkraft auch wirklich Spannkraft erzeugt. Deshalb sollen sie nicht aus gewöhnlichem Schraubeneisen, sondern aus hochwertigem Stahl bestehen. T-Nutenschrauben sind heute unter DIN 787 genormt. Aus dem gleichen Grunde soll man nicht gewöhnliche Dauerverbindungsmuttern verwenden, sondern besondere Spannmuttern, 1,5 Durchmesser hoch, zweckmäßig nach DIN 6330 bzw. 6331.

30. Spanneisen. Nur in den seltensten Fällen kann man das Werkstück unmittelbar mit der Schraube festspannen. Meist bedient man sich des Spanneisens, das auf zwei grundsätzlich verschiedene Arten angewendet wird. Abb. 88—90 zeigen den ersten Fall: das Spanneisen geht über das Werkstück vollständig hinüber und wird durch zwei Schrauben gespannt. Bei gleichem Abstand der Schrauben vom Werkstück vereinigen sich die Spannkräfte beider Schrauben auf das Werkstück: $Q = 2P$. Es ist gleichgültig, welche von beiden Schrauben angezogen wird, vorausgesetzt, daß das Spanneisen so wie in Abb. 88 am Werkstück anliegt. Liegt das Spanneisen aber wie in Abb. 89 flach auf, so müssen beide Schrauben gleichmäßig angezogen werden, sonst wirkt das Eisen wie ein ungleicharmiger Hebel (Abb. 90). Hierbei muß man beim Spannen bereits vorsichtig sein, denn die Spannkraft P der Spannschraube rechts kann sich auf das Werkstück in unerwünschtem Maße vervielfachen: $Q = P_1\left(\frac{l_1 + l_2}{l_2}\right)$. Schädlich ist die Wirkung dann sicherlich auf die Spannschraube links, wenn die erste nochmal angezogen wird, denn es ist $P_2 = P_1 \cdot \frac{l_1}{l_2}$. Diese Schraube kann also so überbeansprucht werden, daß sie sich strecken muß. Das ist häufig die Ursache dafür, daß die Spannschrauben frühzeitig unbrauchbar werden und die Muttern auch leer nicht mehr von Hand, sondern nur noch mit dem Schlüssel zu bewegen sind.

Den zweiten Fall der Anwendung der Spanneisen zeigen die Abb. 91···93. Das Spanneisen wirkt hierbei immer als Kraftverteiler, der die von nur einer Spannschraube ausgeübte Spannkraft entweder auf zwei Werkstücke, Abb. 91, oder auf ein Werkstück und eine Unterlage, Abb. 92, oder auch auf zwei Punkte nur eines Werkstückes verteilt (Abb. 93). Dieser Fall ist am günstigsten, denn hierbei wirkt die volle Schraubenkraft P als Nutzkraft Q auf nur ein Werkstück, während sonst die auf das Werkstück bzw. auf nur ein Werkstück entfallende Nutzkraft immer kleiner ist als die Schraubenkraft. In Abb. 92 ist $Q = P\,\frac{l_1}{L}$, während die Kraft auf die Unterlage $= P\,\frac{l_2}{L}$ wird. Die Kräfteverteilung hängt also von dem Verhältnis der Hebellängen l_1 und l_2 ab. Es können beim Ansetzen der Spanneisen daher sehr ungünstige Verhältnisse entstehen, die zwar manchmal wegen der ungünstigen Lage der Spannuten nicht zu vermeiden, sehr oft aber ganz unnötig sind. Das ist dann immer ein Beweis dafür, daß ohne Überlegung und ohne Verständnis der einfachsten Hebelgesetze gearbeitet worden ist. Die Erfahrung lehrt, daß solche Arbeiter an falscher Stelle stehen, denn bei schwierigen Spannarbeiten werden sie erst recht versagen, allen Unterweisungen zum Trotz. Abb. 94 zeigt die günstigste und Abb. 95 die ungünstigste Anwendungsform des Spanneisens. Läßt sich das Spanneisen nicht günstiger ansetzen, müssen mehrere Spanneisen statt eines benutzt werden. Die gewöhnlichen Spanneisen sind in vier Formen genormt (DIN 6314 bis 6317). Das U-förmige Spanneisen nach DIN 6315, auch Gabelspanneisen, Spannschere oder einfach Schere genannt, wird häufig an einem

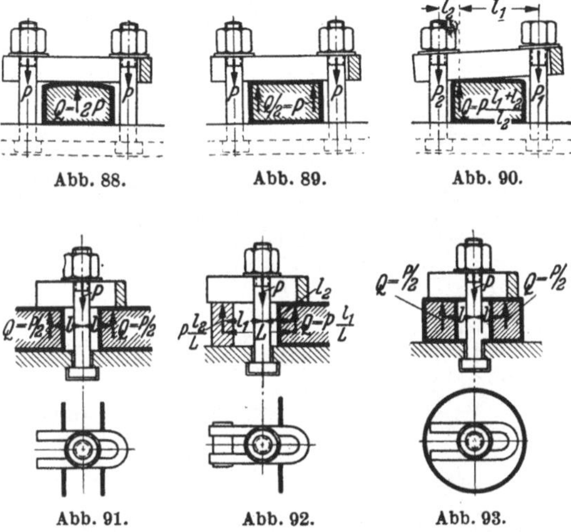

Abb. 88.   Abb. 89.   Abb. 90.

Abb. 91.   Abb. 92.   Abb. 93.

Abb. 88—93. Grundsätzliche Anwendungsarten von Spanneisen.
P Schraubenkraft, Q Gegenkraft.

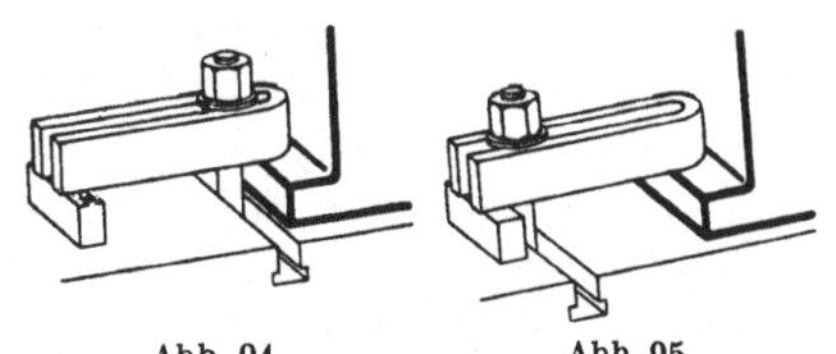

Abb. 94.   Abb. 95.

Abb. 94 u. 95. Richtige und falsche Anwendung
eines Spanneisens.

Ende abgesetzt oder gekröpft (Abb. 96—97), damit es auch dann verwendet werden kann, wenn es sonst wegen seiner Höhe hinderlich wäre.

Eine besondere Art der Spanneisen zeigen Abb. 98 a und b. Wegen der gekrümmten Form werden sie auch „Spannklauen" genannt und sind darum besonders praktisch, weil sie bis zu einer bestimmten Spannhöhe keine Unterlage erfordern. Die gekrümmte Oberfläche gestattet es, bei den verschiedenen Spannhöhen die Spannmutter so anzusetzen, daß sie zentral auf die Spannklaue drückt. Diese Spannklauen können aber auch noch in einer andern sehr beachtenswerten Form angewendet werden. Ein Beispiel ist Abb. 99: Ein würfelförmiges Werkstück, für das ein Maschinenschraubstock nicht zur Verfügung steht, wird durch Spannklauen in schraubstockähnlicher Weise nach Art der Tiefspannung durchaus zuverlässig festgespannt. Das Werkstück ist so zwischen zwei quer auf den Tisch gespannte Anschlagleisten gesetzt, daß zwischen hinterer Leiste und Werkstück ein entsprechender Raum für die Spannklaue übrigbleibt. Weil die Spannklaue nach hinten nicht ausweichen kann, bewegt sie sich beim Zuspannen gegen das Werkstück und klemmt es fest.

Abb. 96.

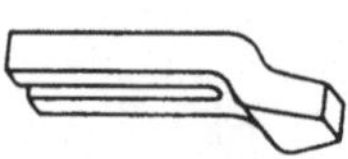

Abb. 97.

Abb. 96 u. 97. Gabelspanneisen, abgesetzt und gekröpft.

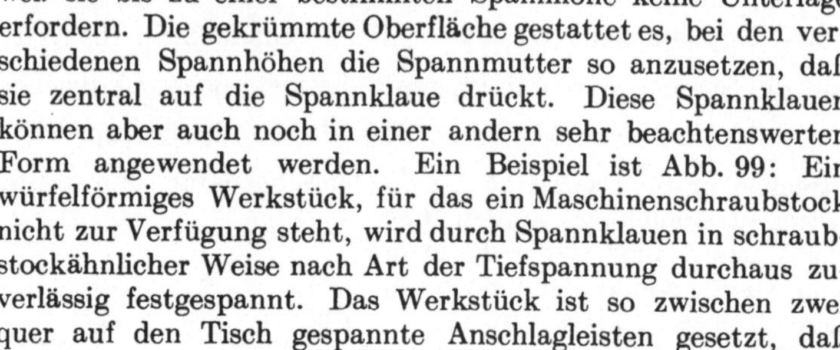

Abb. 99. Besondere Anwendung der Spannklaue.

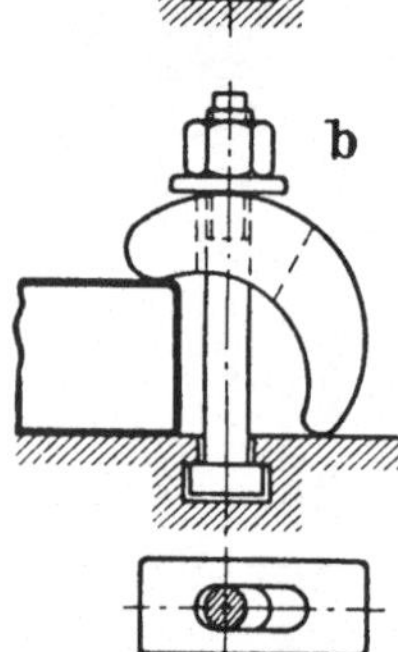

Abb. 98 Spannklaue.

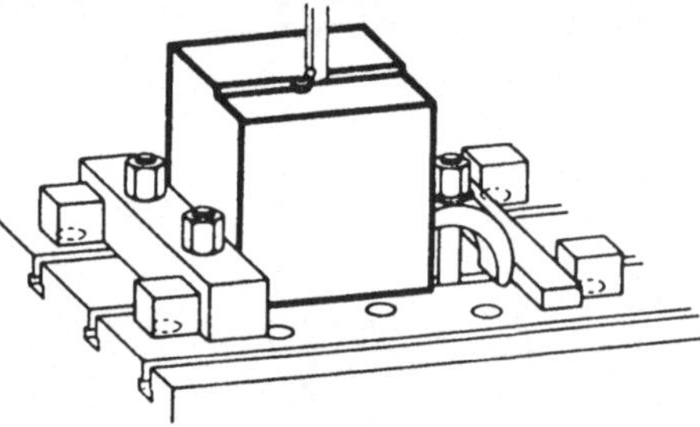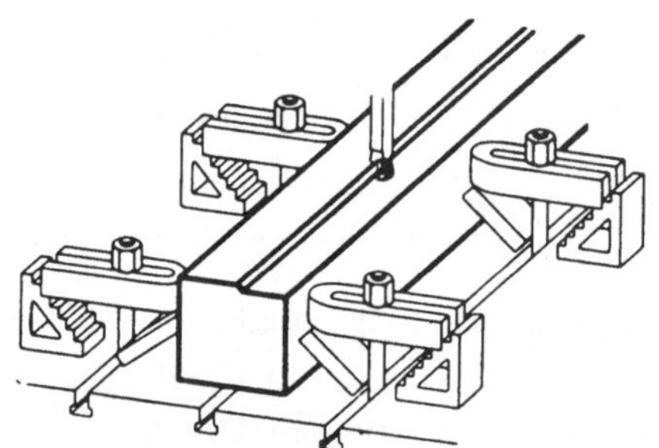

Abb. 100. Besondere Anwendung von Gabelspanneisen.

Eine ähnliche Wirkung mittels Spanneisen belie-

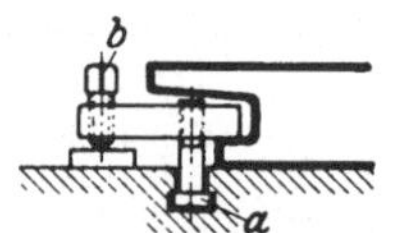

Abb. 101. Sonderspanneisen. a Riegelschraube, b Spannschraube.

biger Form zeigt Abb. 100. Sie wird dann angewendet, wenn die für diese Spannungsart sonst üblichen Kloben (die später noch beschrieben werden) fehlen oder aus irgendeinem Grunde nicht benutzt werden können. Um die senkrechte Kraft der Spanneisen schräg nach unten gegen das Werkstück umzulenken, sind besondere Druckstücke aus Flacheisen vorgesehen. Da das untere Ende jedes Druckstückes an der Spannschraube Widerstand findet, muß sich das obere Ende unter der Spannkraft schräg nach unten bewegen und das Werkstück festklemmen.

Neben den gewöhnlichen Spanneisen werden bei schwierigen Spannarbeiten immer wieder Sonderausführungen erforderlich. Sie müssen von Fall zu Fall angefertigt werden. Abb. 101 zeigt einen charakteristischen Fall: Bei Verwendung einer Normalausführung wäre es nicht möglich, eine Spannmutter aufzusetzen.

31. Preßluftspanneisen. Der großen Vielseitigkeit und der Sicherheit, die das Spannen mit Schrauben und Spanneisen bietet, steht als Nachteil gegenüber, daß ihre Handhabung viel Zeit und manchmal auch beachtliche Anstrengung kostet. Man kann selten mit einem einzigen Spanneisen auskommen. Oft muß eine große Anzahl davon gleichzeitig angesetzt werden. Dann muß jedes einzelne bei jedem Werkstück aufgelegt bzw. übergeschoben, die Mutter der Spannschraube angedreht und zuletzt mit dem Schlüssel festgezogen werden. Nach Schluß der Arbeit folgt ebenso das Lösen und Wegziehen der Spanneisen. So entsteht bei jedem Werkstück wieder der gleiche große Zeitaufwand. Diesen Nach-

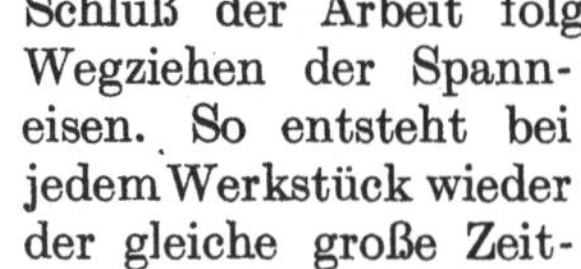

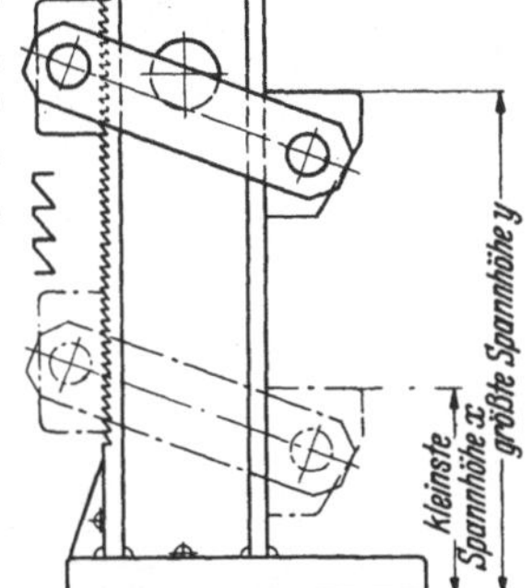

Abb. 102. Preßluft-Spanneisen.   Abb. 103. Stufenlos verstellbare Keilstücke (Fritz WERNER).   Abb. 104. Verstellbarer Stützbock für große Höhen.

teil vermeiden Preßluft-Spanneisen nach Abb. 102. Sie ersetzen Spanneisen, Spannschraube und Stütze. Der Preßluftkolben schiebt das an Laschen aufgehängte eigentliche Spanneisen zunächst vor und drückt dann zum Spannen dessen hinteres Ende hoch. Beim Lösen ist die Bewegungsfolge umgekehrt, wodurch das Werkstück nach oben frei wird. Sämtliche gleichzeitig benutzten Spanneisen werden durch Schläuche mit einem einzigen Steuerhahn verbunden, durch dessen Betätigung sie alle gleichzeitig gespannt bzw. gelöst werden, wodurch der Zeitaufwand für das Spannen fast vollständig beseitigt wird. Außer der abgebildeten Normalausführung gibt es Sonderausführungen von ausladenden Preßluft-Spanneisen für schwer zugängliche Stellen.

32. Spanneisenuntersätze und Stützen. Jedes Spanneisen muß an seinem äußeren Ende so unterlegt werden, daß es parallel zur Aufspannfläche liegt. Dazu braucht man Untersätze von ständig wechselnder Höhe. Die in vielen Betrieben herrschende Sitte, dafür allerlei Abfallstücke zusammenzusuchen, ist recht kostspielig. Mit Suchen und Probieren wird viel Zeit vergeudet und es werden fast immer mehrere Stücke aufeinandergeschichtet, was bei großen Höhen unsicher ist und manchen Bruch zur Folge hat. Deshalb sollen auch dafür ordentliche Hilfsmittel in genügender Auswahl und Menge bereitstehen. Nur für geringe Höhen nimmt man rechteckige Klötze aus gezogenem Stahl. Für größere Höhen sind sogenannte Treppenböcke besser, wie in Abb. 100 sichtbar. Sie sind durch DIN 6318 in verschiedenen Größen genormt. Wo die genaue Einstellung einer bestimmten Höhe erforderlich ist, sind verzahnte Keilstücke nach Abb. 103 angenehm. Die Verzahnung ist seitwärts geneigt, seitliches Verschieben des Oberteiles ergibt also eine stufenlose Höhenänderung. Für sehr große Höhen, z. B. auf Bohrwerken, sind verstellbare Stützböcke nach Abb. 104 am besten. Sie werden aus Profilstücken geschweißt, sind leicht zu handhaben und äußerst standsicher. Muß das Spanneisen auf einer geneigten Fläche des Werkstückes angreifen, so muß der

Untersatz es auch gegen Abgleiten sichern, also seinerseits auf dem Tisch festgespannt oder bei geringerer Höhe wenigstens abgestützt werden. Nur wo kein
Abrutschen oder Kippen möglich ist, kann man das Spanneisen auch durch Stockwinden Abb. 134 oder Stützrohre Abb. 140 abstützen. Siehe Abschn. 32 a Seite 64.

33. Werkstückuntersätze. Wird mit einem Futter, einem Spannstock oder
einem anderen Hauptspannmittel gearbeitet, so wird das Werkstück in der Regel

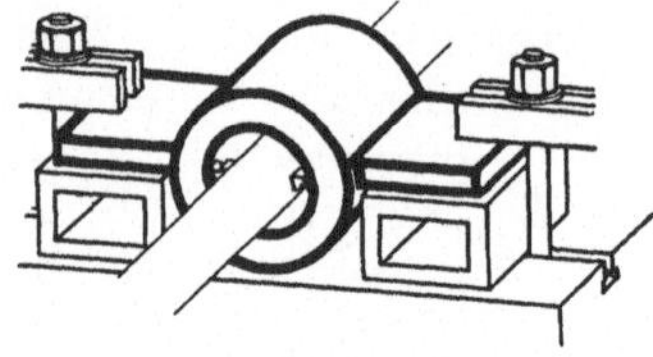

durch dieses in seiner Lage bestimmt, besonders
bei der Rundbearbeitung. Nur in besonderen Fällen,
vor allem aber beim freien Spannen großer Werkstücke auf dem Maschinentisch oder der glatten
Planscheibe werden Untersätze benötigt, die das
Werkstück teilweise oder auch vollständig selbsttätig in die richtige Lage bringen, es also bestimmen oder zentrieren (s. Heft 33, Abschn.
Zentrieren und Bestimmen). Die wichtigsten Arten

Abb. 105. Parallelstücke als Werkstück-
untersatz.

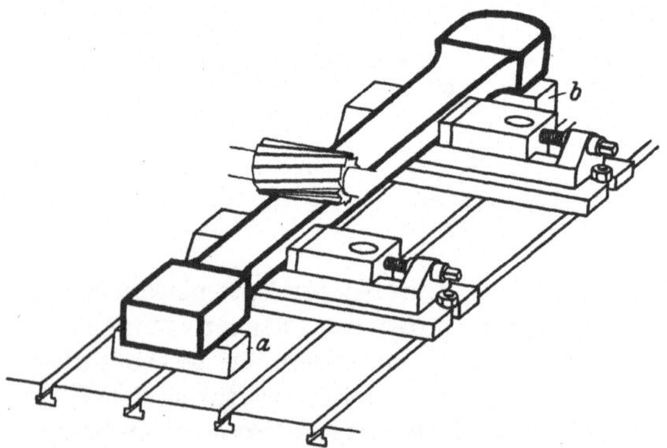

Abb. 106. Aufspannung eines größeren Werkstückes mit Parallel-
stücken.

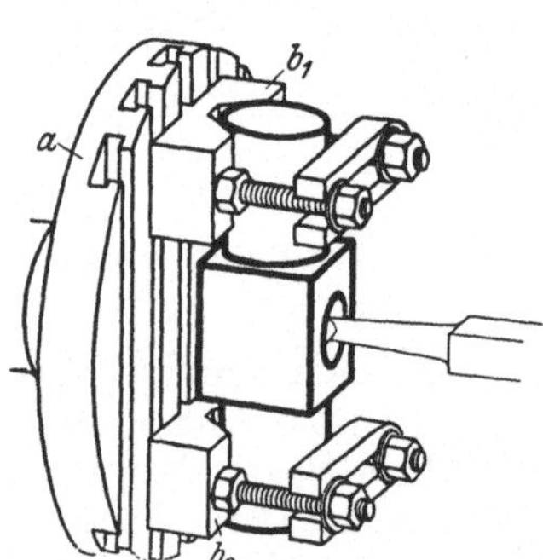

Abb. 107. Prismenuntersätze auf der
Drehbank. a Planscheibe; b_1 b_2 Prismenuntersätze.

sind Parallelstücke und Prismenuntersätze. Parallelstücke verwendet man bei
vorbearbeiteten Werkstücken dann, wenn es nicht möglich oder angängig ist,
sie unmittelbar mit der bearbeiteten Fläche auf dem Maschinentisch oder der
Planscheibe zu bestimmen (Abb. 105). Einen besonderen Fall bei Verwendung von
zwei Maschinenschraubstöcken zeigt Abb. 106. Mit den Maschinenschraubstöcken
wird das Werkstück, eine Schubstange, in diesem Falle nur festgespannt, während
die beiden Parallelstücke a und b dazu dienen, die Schubstange an den zuerst
bearbeiteten Köpfen zu bestimmen. Schraubstöcke mit Tiefziehbacken (s. S. 38)
dürfen hierbei aber nicht verwendet werden, da die Schubstange dann nach unten
verspannt (durchgebogen) werden könnte. Sehr viel verwendet werden Parallelstücke auf Bohrmaschinen, wo man oft das Werkstück so aufspannen muß, daß
der Bohrer frei durchtreten kann.

Auch stufenlos verstellbare Untersätze — ähnlich Abb. 103 — können unter
Umständen vorteilhaft sein, wenn die Auflagehöhe schnell und genau dem Werkstück angepaßt werden muß.

Zum zentrischen Aufspannen, besonders von Rundkörpern, dienen die Prismenuntersätze. Sie müssen paarweise in den Abmessungen genau übereinstimmen und
auf der Unterseite eine genau zur Mitte gearbeitete Zentrierleiste bzw. Nute haben. So
bringen sie beim Aufspannen zahlreicher Werkstücke wesentliche Vorteile. Abb. 107
zeigt die Anwendung eines derartigen Prismensatzes auf der Drehbank zum Bohren

eines Querhauptes: die klobenlose Planscheibe a hat eine genau durch die Mitte gehende Führungsnut, in der die Prismenuntersätze b_1 und b_2 genau zentrisch aufgespannt werden können. Die Spannschrauben haben ein langes Gewinde, so daß mit ihnen zunächst die Prismenuntersätze und dann, unabhängig davon, auch das Werkstück bzw. die Spanneisen festgespannt werden können. Man stelle sich vor, wieviel Ausrichtarbeit nötig wäre, wenn man sich auf die Genauigkeit der Planscheibe bzw. der Prismen nicht verlassen könnte oder diese überhaupt nicht vorhanden wären. Den Prismensatz kann man natürlich auch auf allen anderen Maschinen und in Verbindung mit anderen Hilfsspannmitteln in ähnlicher Weise verwenden.

Im Großmaschinenbau leisten verstellbare Prismenuntersätze gute Dienste zum Aufspannen von Werkstücken mit verschiedenen Auflagedurchmessern. Ein solches Werkstück kann so außerordentlich schnell parallel oder geneigt zum Aufspanntisch ausgerichtet werden, was bei Verwendung fester Untersätze sehr zeitraubend wäre und auch für die gleiche Zeit den Kran festlegte. Abb. 108 zeigt einen zum Fräsen einer Nut aufgespannten Rotorkörper.

Zum Aufspannen roher Werkstücke verwendet man entsprechend der jeweiligen Form teils Prismenuntersätze, teils Schraubenstützen, Stockwinden oder Stützrohre, die in verschiedenen Höhen und Stärken vorhanden sein müssen. Untersätze werden auch häufig aus Hartholz nach der Form des Werkstückes besonders angefertigt, wodurch manchmal Aufspannschwierigkeiten sehr schnell behoben werden können.

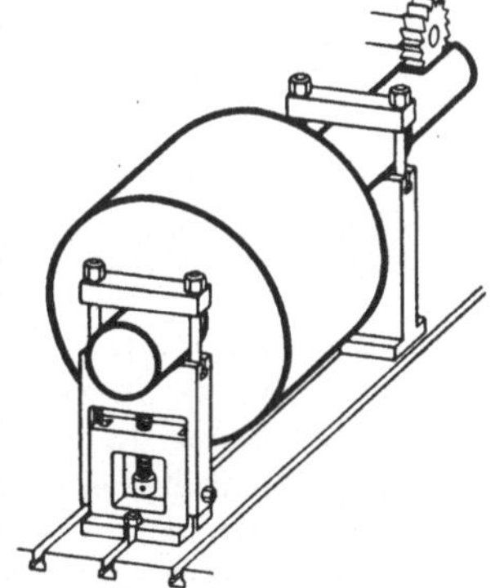

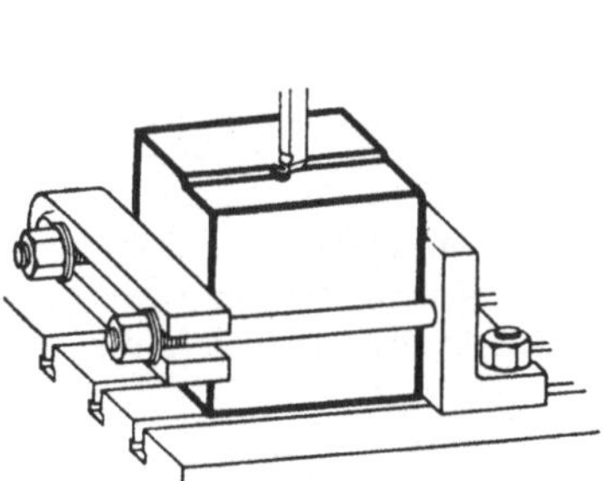

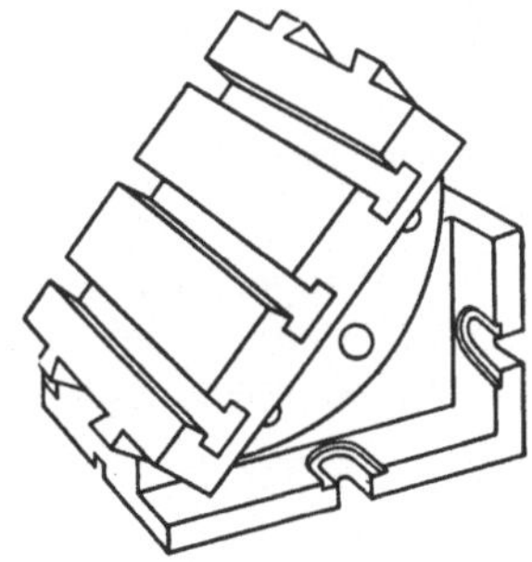

Abb. 108. Verstellbarer Prismenuntersatz beimAufspannen eines Rotorkörpers.

Abb. 109. Aufspannung an festem Spannwinkel.

Abb. 110. Verstellbarer Spannwinkel (LOEWE).

34. Aufspannwinkel (Abb. 109 und 110). Muß man ein teilweise bearbeitetes Werkstück so aufspannen, daß die fertige Fläche in einem rechten oder einem bestimmten anderen Winkel zum Maschinentisch liegt, so wäre es sehr mühevoll, das Werkstück fehlerfrei unmittelbar auf den Tisch zu spannen, weil man es an unbearbeiteten Flächen auflegen und nach der bearbeiteten Fläche ausrichten müßte. Bequemer und sicherer ist es, durch einen Aufspannwinkel eine besondere Aufspannfläche zu schaffen.

Für Reihenspannungen solcher Werkstücke, die sich zu einem Block vereinigen lassen, werden zwei gleiche Aufspannwinkel verwendet. Abb. 111: zwischen den beiden Winkeln a_1 und a_2 sind eine größere Anzahl Werkstücke in Plattenform durch die Schrauben b_1 und b_2 fest zusammengespannt. Durch die Schrauben c_1 und c_2 wird das Ganze auf dem Maschinentisch befestigt. Damit der Werkstückblock sich nicht in der Mitte federnd abheben kann, sind noch Spannkloben angesetzt, die später noch besprochen werden. Eine derartige Aufspannung setzt natürlich voraus, daß die Werkstücke an ihren aufeinanderliegenden Seitenflächen bereits sehr genau sind. Rohe Werkstücke kann man so nicht spannen.

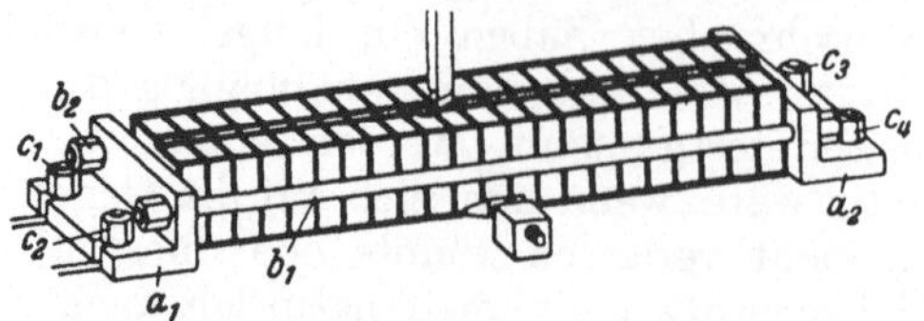

Abb. 111. Reihenspannung mittels Spannwinkeln. *a* Spannwinkel, *b* Spannschrauben, *c* Spannschrauben für die Winkel.

Auf Flächenschleifmaschinen verwendet man auch in Verbindung mit Magnetfuttern genau rechtwinklig gearbeitete Parallelklötze oder Kästen, die man mit dem Werkstück durch ein mechanisches Spannmittel leicht verbindet und dann mit diesen zusammen magnetisch festspannt, Abb. 112. Das Werkstück ist an beiden Seiten auf der Magnetplatte ohne Hilfsmittel flach geschliffen worden und wird nun unter Benutzung eines Parallelkastens und einer Schraubzwinge hochkant und genau rechtwinklig zu den Seiten geschliffen.

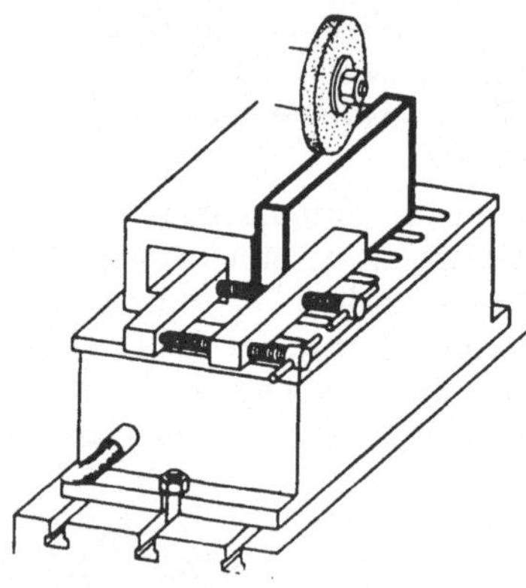

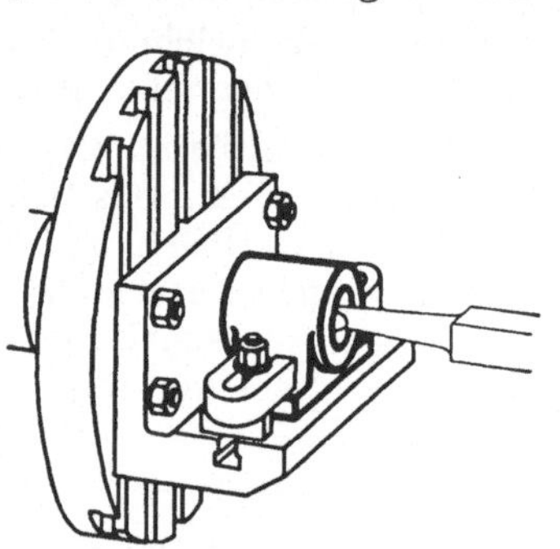

Abb. 112. Parallelkasten als Spannwinkel auf der Schleifmaschine.   Abb. 113. Spannwinkel auf der Drehbank.   Abb. 114. Prismenspannwinkel. *a* Zentrierleiste.

Im allgemeinen verwendet man die gewöhnlichen Aufspannwinkel auch auf Drehbänken, wenn man Werkstücke drehen oder ausbohren muß, bei denen bereits eine ebene Ausgangsfläche vorhanden ist, die parallel zur Drehachse liegen

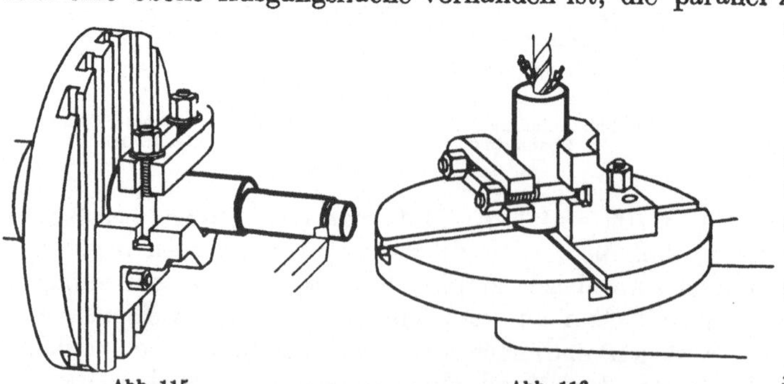

Abb. 115.   Abb. 116.
Abb. 115 u. 116. Anwendungen des Prismenspannwinkels.

soll. Praktischer sind aber Winkel, die besonders für diese Zwecke hergestellt sind. Abb. 113 stellt einen solchen dar, auf eine klobenlose Planscheibe aufgespannt. Dadurch, daß die Werkstückaufspannfläche nach innen gerichtet ist, wird das Gewicht des

Winkels viel günstiger verteilt als bei einem gewöhnlichen Winkel. Die durchgehende Spannute erleichtert das Aufspannen des Werkstückes. Einen auf derselben Planscheibe zu benutzenden, sehr praktischen Zentrierwinkel mit prismatischem Einschnitt zeigt Abb. 114. Die Zentrierleiste *a* ermöglicht es, ihn schnell und genau zur Mitte aufzuspannen. In Abb. 115 dient der Winkel zum Drehen von Exzenterzapfen. Auch auf andern Maschinenarten, besonders Bohrmaschinen, leistet er gute Dienste (Abb. 116).

Oft benutzt man die 90°-Winkel als Anschlag für Werkstücke, die quer zur Längsrichtung aufgespannt werden müssen. Besser dafür geeignet sind die sogenannten Spannkreuze, Abb. 117. Führungsleiste *a* gibt beim Aufspannen der Anschlagleiste *b* selbsttätig die genaue rechtwinklige Lage zu den Tischkanten. Das Spannkreuz ist auch zur Aufnahme der Schnittkräfte gut geeignet.

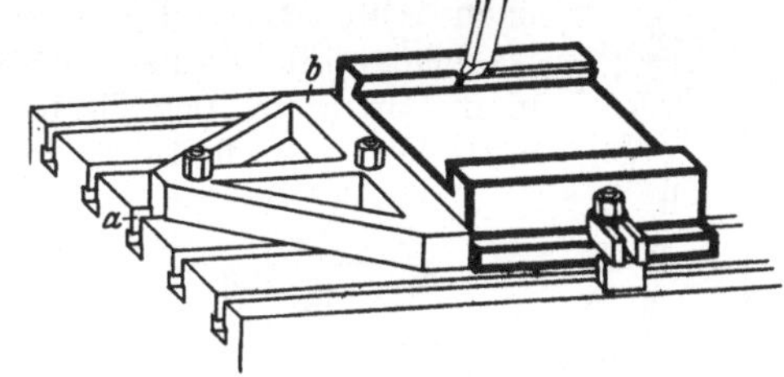

Abb. 117. Spannkreuz. *a* Führungsleiste, *b* Anschlagleiste

35. Schraubstockähnliche Spannwinkel nach Abb. 118 u. 119 werden in Sätzen zu je zwei Stück verwendet. Jeder Winkel besteht aus zwei keilförmigen Teilen, von denen der untere auf den Tisch bzw. den Untersatz und der obere so auf den unteren gespannt wird, daß er sich beim Anziehen nach unten und vorn bewegt, wodurch das Werkstück gleichzeitig fest auf den Tisch bzw. die Unterlage gezogen wird. Diese Winkel sind gewissermaßen Schraubstöcke für unbegrenzte Spannweiten, besonders wenn man sie nach Abb. 118 unmittelbar auf dem Maschinentisch benutzt. Dabei ist jedoch Vorsicht geboten, weil durch sie der Tisch

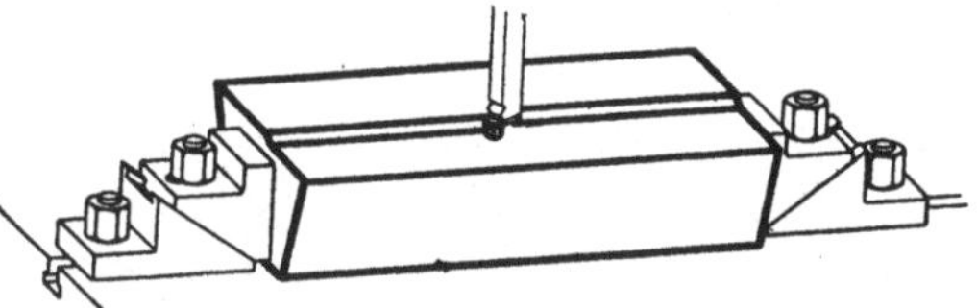

Abb. 118. Anwendung ohne Untersatz.

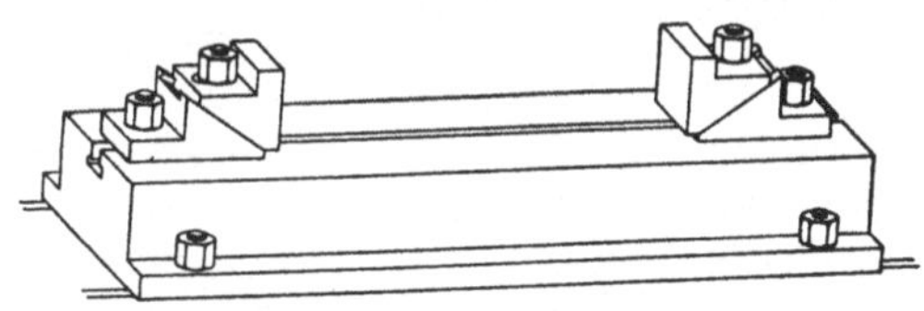

Abb. 119. Anwendung auf Untersatz.
Abb. 118—119. Schraubstockähnliche Spannwinkel.

nicht nur auf Zug, sondern auch auf Biegung beansprucht wird. Ist der Tisch nicht genügend steif, so wird er sich, besonders bei großer Spannweite, unter Umständen so stark durchbiegen, daß er klemmt, was den Antrieb übermäßig belastet und frühzeitigen Verschleiß zur Folge hat. Wo diese Gefahr besteht, verwendet man die Spannwinkel besser nach Abb. 119 auf einem besonderen Untersatz, der entsprechend steif ausgebildet werden kann.

36. Spitzenböcke. Werkstücke, die auf der Drehbank zwischen den Spitzen vorgearbeitet worden sind und dann noch parallel zur Drehachse z. B. gefräst

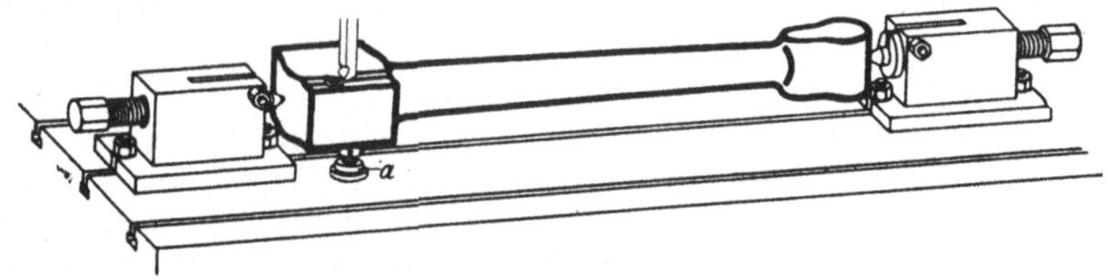

Abb. 120. Spannen mit Spitzenböcken. *a* Schraubstütze.

oder gehobelt werden sollen, spannt man ohne besonderes Ausrichten genau und bequem mittels Spitzenböcken nach Abb. 120. Die dargestellte Schubstange ist durch zwei kleine Schraubenstützen *a* gegen Drehen gesichert.

37. Kloben. Die in Abb. 121 bis 126 in verschiedenen Formen dargestellten Spannkloben dienen entweder zur Sicherung bzw. Stützung aufgespannter Werkstücke oder als selbständiges Spannmittel. Für letzteren Zweck eignen sich besonders die Gabelspannkloben Abb. 126, die in manchen Fällen wesentlich bessere

Dienste leisten als Maschinenschraubstöcke (s. auch Abb. 149 S. 58). Auf dem Tisch festgespannt werden in der Regel nur die schweren und hohen Spannkloben nach Abb. 121 und die als selbständige Spannmittel verwendeten Gabelspannkloben nach Abb. 126. Die kleineren Kloben werden nur in die Spannute des Tisches gesteckt (Abb. 122). Besser ist die Form nach Abb. 123, die in die Spannnute eingehakt, oder nach Abb. 124, die mit einer Riegelschraube festgezogen wird. Kloben mit runden Zapfen (Abb. 125) werden auf solchen Maschinentischen verwendet, die auch Spannlöcher haben, in die sie einfach hineingesteckt werden. Von vornherein sei aber darauf hingewiesen, daß der Tisch durch das Anziehen der Spannkloben auf Biegung beansprucht wird, und wenn man nicht aufpaßt, besonders bei den hohen Kloben oder bei gleichzeitiger Verwendung mehrerer Kloben beschädigt werden kann.

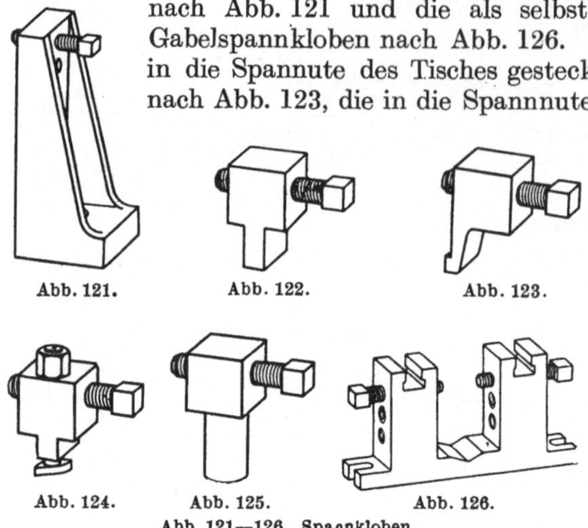

Abb. 121.   Abb. 122.   Abb. 123.

Abb. 124.   Abb. 125.   Abb. 126.

Abb. 121—126. Spannkloben.

In dem Beispiel Abb. 127 dienen die Spannkloben a_1 und a_2 dazu, ein größeres durch Spanneisen gespanntes Werkstück beim Fräsen in seiner Lage zu sichern. Im Beispiel Abb. 128 sollen die hohen Spannkloben a_1 und a_2 außerdem verhüten, daß der zu bearbeitende, weit überhängende Teil des Werkstückes unter den Schnittkräften durchfedert und in Schwingungen kommt.

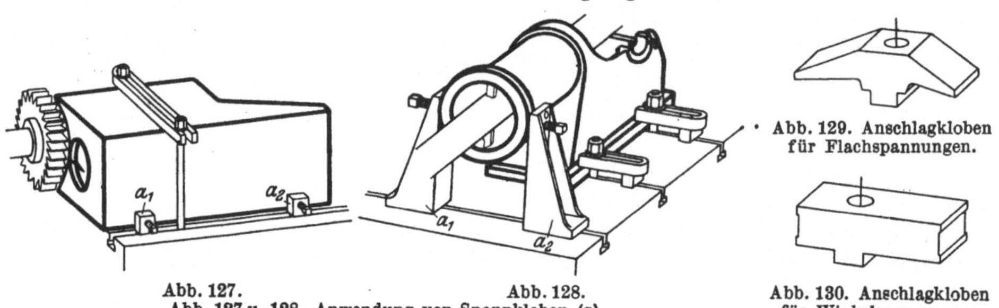

Abb. 129. Anschlagkloben für Flachspannungen.

Abb. 127.   Abb. 128.
Abb. 127 u. 128. Anwendung von Spannkloben (a).

Abb. 130. Anschlagkloben für Winkelspannungen.

In Verbindung mit entsprechenden Hilfsmitteln werden die niedrigen Spannkloben auch zum Festspannen leistenförmiger Werkstücke verwendet. Hilfsmittel dazu sind Anschlagkloben und Druckstücke. Für Flachspannungen sind die Anschlagkloben nach Abb. 129 am zweckmäßigsten, deren Druckspitze unter der von der anderen Seite kommenden Spannkraft in Richtung eines Kreisbogens nach unten federnd ausweicht und das Werkstück auf den Tisch drückt. Einen Anschlagkloben für Winkelspannungen zeigt Abb. 130. Damit das Werkstück genau rechtwinklig zum Tisch bestimmt wird und fest anliegt, sind die Anschlagflächen genau rechtwinklig zur Grundfläche gearbeitet und ausgespart. In Abb. 131 und 132 sind linealförmige Werkstücke zum Hobeln aufgespannt. Bei der Flachspannung Abb. 131 ist die Tischfläche Bestimmungsebene, weshalb es darauf ankommt, daß das Werkstück überall gleichmäßig nach unten gedrückt wird. Bei der Hochkant- oder Winkelspannung (Abb. 132) wird die Bestimmungsebene durch die Stirnfläche der Anschlagkloben gebildet, gegen die das Werkstück gleichmäßig gedrückt werden muß. Gleichzeitig muß es aber auch nach unten gedrückt werden, daß es den Tisch mindestens in einer Linie berührt. In jedem Falle muß also die Kraft der waagerechten Spannschraube schräg nach unten umgelenkt werden. Das geschieht durch ein keilförmiges Druckstück zwischen Werkstück und Spannschraube, dessen abgestumpfte Schneide etwas nach unten geneigt ist. Durch die Spannkraft wird diese Neigung verstärkt, denn die Schneide hat das Bestreben, noch weiter nach unten auszuweichen. Gleichzeitig entsteht aber auch eine schräge Gegenkraft auf die Spannschraube, die diese abzubiegen versucht. Damit das Biegungsmoment in mäßigen Grenzen bleibt, darf die Schraube nur wenig aus dem Kloben vorstehen. Deshalb müssen, um verschieden breite

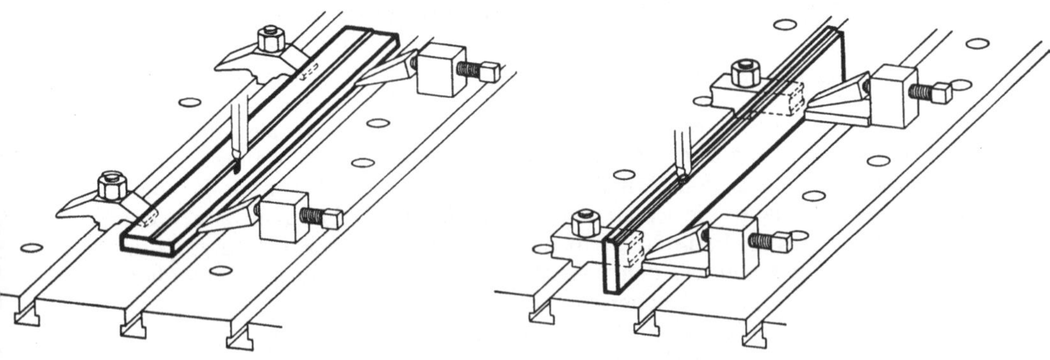

Abb. 131.   Abb. 132.

Abb. 131 u. 132. Aufspannungen mittels Anschlagkloben, Spannkloben und Druckstücken.

Werkstücke spannen zu können, Druckstücke in verschiedenen Längen zur Verfügung stehen. Die Schraubenenden drücken in Ansenkungen der Druckstücke, damit sie nicht abgleiten. Die Anschlagkloben, die doppelseitig benutzt werden können, haben verschieden lange Schenkel, damit man es immer so einrichten kann, daß sich die Vorderkante des Werkstückes nicht über der Spannute befindet. Der Unterschied zwischen beiden Schenkellängen muß also mindestens gleich der Breite der Spannut sein. Bei der Hochkantspannung Abb. 132 sind etwas höhere Spannkloben und ferner Unterlagen für die Druckstücke verwendet, damit Werkstück und Anschlagkloben den Spanndruck nicht ganz unten bekommen.

Bei den eben geschilderten Spannverfahren ist noch folgende Eigentümlichkeit beachtenswert: Das lose auf den Maschinentisch gelegte Werkstück kann sich beim Spannen an den Spannstellen nicht mehr nach unten bewegen als das geneigte Ende des Druckstückes. Liegt das Werkstück schon vor dem Spannen, ebenso wie das Druckstück, auf dem Tisch auf, so drücken beim Zuspannen beide Teile mit gleicher Kraft auf den Tisch. Ist aber an der Spannstelle ein Hohlraum zwischen Werkstück und Tisch, was bei einem rohen Werkstück wahrscheinlich ist, so verringert sich der Abstand zwischen Werkstück und Tisch nur um soviel, wie das Druckstück nach unten rückt. Da das aber nur ganz wenig ist, so wird der Hohlraum bestehen bleiben. Das ist in der Regel erwünscht, denn im anderen Falle würde das Werkstück verspannt werden, und nach dem Abspannen, wenn es seine ursprüngliche Form wieder angenommen hat, wäre die bearbeitete Fläche nicht gerade. Bei sehr schwachen Werkstücken, die unter dem Bearbeitungsdruck nachgeben könnten, müssen die Spannkloben jedoch sehr dicht nebeneinander gesetzt werden. Ist die Anschlagkante des Werkstückes noch roh und daher nicht gradlinig, so darf man nur an beiden Enden je einen festen Anschlagkloben verwenden. An allen dazwischen liegenden Punkten muß man dagegen Kloben mit Schraube (Spannkloben) als Anschläge verwenden und einzeln leicht anstellen. Es kommt aber vor, daß ein hohl aufliegendes Werkstück fest auf den Tisch heruntergezogen werden muß. Das erreicht man dadurch, daß man unter die Zunge des Anschlagklobens bzw. des Druckstückes elastische Unterlagen, weiches Leder oder Gummi, legt, die sich beim Zuspannen zusammendrücken und ein entsprechendes Tiefergehen des Druckstückes und damit das Herunterziehen des Werkstückes ermöglichen.

Ein sehr einfaches und doch wirksames Hilfsmittel für das sichere Flachspannen dünner Leisten u. dgl. sind Hilfsspannleisten nach Abb. 133. Sie können sowohl im Spannstock als auch in Verbindung mit Spannkloben ähnlich wie Abb. 131 verwendet werden. Durch die geringe Abschrägung der an der Spannbacke liegenden hohen Fläche wird beim Spannen eine Kraft erzeugt, die bestrebt ist, die am Werkstück anliegende niedrige Stufe fest auf die Unterlage zu drücken, und damit auch das Aufbäumen des Werkstückes mit Sicherheit verhindert. Hierbei wirkt auch eine gewisse Federung des langen Schenkels mit.

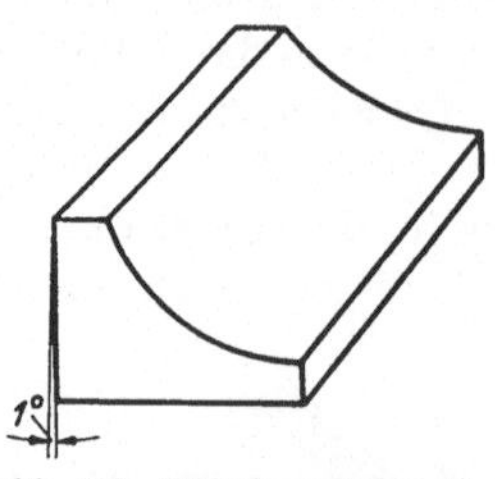

Abb. 133. Hilfs-Spannleiste für Flachspannung.

38. Schraubenstützen werden allgemein in verschiedenen Längen und Ausführungen zum Unterstützen und Ausrichten sperriger Werkstücke verwendet. Abb. 134 ist ein Beispiel für die Hobelmaschine: der mit Spanneisen auf einer prismatischen Unterlage gespannte Lagerbock wird am freien Ende durch zwei sogenannte Stockwinden unterstützt, die auch das Ausrichten nach dem Anriß sehr erleichtern. Zu beachten ist die richtige Hobelrichtung; denn die Spannung ist nur dann vollkommen zuverlässig, wenn der Stahl in der angedeuteten Richtung schneidet. Umgekehrt aufgespannt wären die Stockwinden zwecklos, denn das Werkstück würde sich von ihnen federnd abheben, wenn nicht ganz hochgerissen werden (s. Abschn. 43).

Bei der Rundbearbeitung ist es wegen der Fliehkräfte besser, an Stelle loser Schraubenstützen solche zu verwenden, die auf einfache Art am Spannmittel befestigt werden können. In dem Beispiel Abb. 135 ist auf der Karussell-Drehbank das Werkstück mit dem schwächeren Teil in ein Dreibackenfutter gespannt, außer

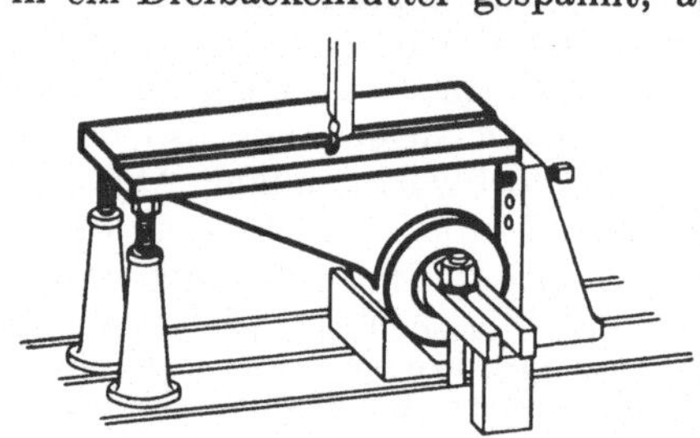

Abb. 134.

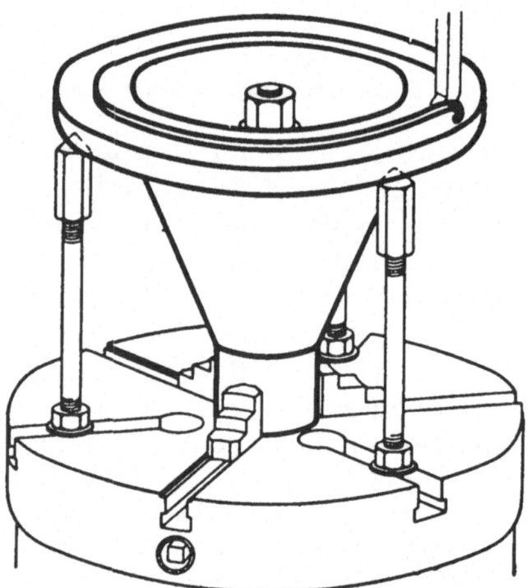

Abb. 135.

Abb. 134 u. 135. Anwendung von Stockwinden bzw. Schraubenstützen beim Hobeln bzw. Drehen.

dem noch mit einer Schraube durch die Maschinenspindel hindurch axial. Die zum Drehen des Flansches erforderliche Starrheit erhält das Werkstück aber erst durch die drei Schraubenstützen, mit denen es auch ausgerichtet wird.

Manche Werkstücke muß man auch mit schrägen Stützen absteifen, wozu man die gewöhnlichen Schraubenstützen nicht verwenden kann. In Ermangelung geeigneter Hilfsmittel werden dann meistens gewöhnliche Spannschrauben benutzt, deren Mutter man über das Schraubenende hinaus gegen das Werkstück schraubt. Wie man aber häufig beobachten kann, gelingt das immer erst nach mehr oder weniger Mißerfolgen, und auch dann noch nicht einwandfrei. Durch die Bearbeitungserschütterungen werden derartige Stützen bald wieder locker und fallen um. Sehr viel Zeit wird durch geeignete Sonderstützen erspart. Eine

vielseitige mehrteilige Ausführungsform zeigen Abb. 136 und 137. Der aufschraub-
bare Gelenkfuß *a* mit einer Gelenkschraube *b* mit Linksgewinde wird in jedem
Falle verwendet, ebenso die Spannmutter *c* mit Rechts- und
Linksgewinde. Spannschrauben *d* mit Rechtsgewinde, mit
abgerundeter, aufgerauhter, gehärteter Spitze müssen in
verschiedenen Längen vorhanden sein, außerdem für besondere Fälle noch aufsteckbare Druckstücke *e* mit prismatischem Einschnitt (Abb. 137). Mit diesen Hilfsmitteln,
die in vielen Werkstätten unbekannt sind, kann man
in jedem Falle schnell und sicher zum Ziele kommen. In
dem Beispiel Abb. 138 ist das Werkstück auf der Hobelmaschine auf einem prismatischen Untersatz mit Spanneisen gespannt. Diese Spannung allein könnte nicht verhindern, daß sich das Werkstück durch die Bearbeitungs-
kraft verzöge und sich nach links oder rechts neigt. Gerade Schraubenstützen lassen sich aber nicht unter die
Flanschen setzen, da sie durch das Werkstück behindert
werden. Es sind daher die erwähnten Schrägstützen angewendet, deren prismatische Druckstücke an den Werk-

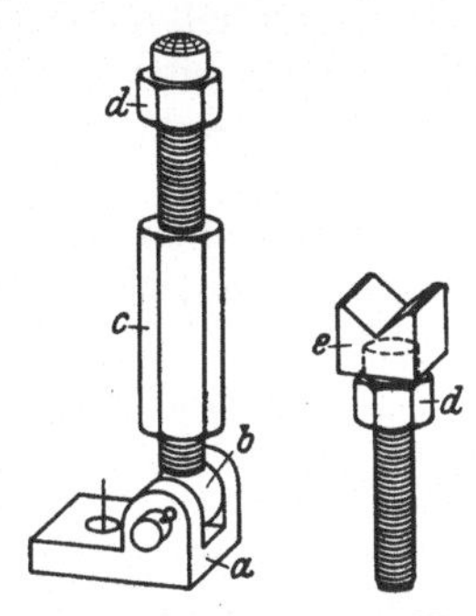

Abb. 136.   Abb. 137.
Abb. 136 u. 137.   Mehrteilige
Schrägschraubenstützen. *a* Gelenkfuß,   *b* Gelenkschraube,
c Mutter mit Rechts- und Linksgewinde,   *d* Spannschraube,
e Druckstück.

stückkanten unmöglich abgleiten können. Die Spannung ist also unbedingt sicher.

Ein weiteres Anwendungsbeispiel auf einer Karussell-Drehbank zeigt Abb. 139:
Das Werkstück, ein Ventilkörper, ist
zentrisch auf prismatischen Untersätzen

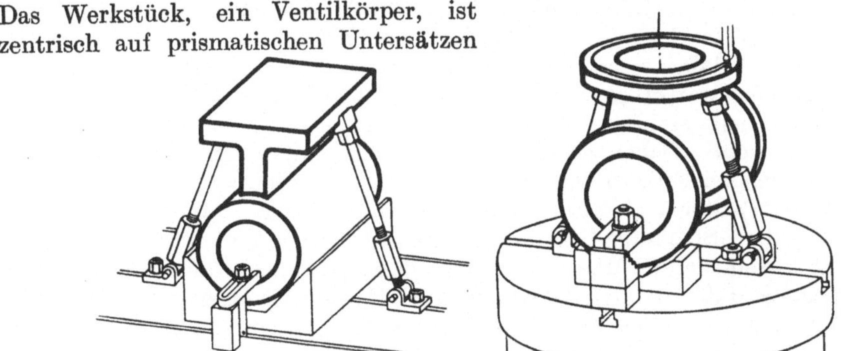

Abb. 138.

Abb. 139.

Abb. 138 u. 139. Anwendung mehrteiliger Schrägschraubenstützen beim Hobeln bzw. Drehen.

gespannt, die eine Mit-
telebene der unteren
Flanschen selbsttätig
festlegen. Der obere
Flansch muß ausge-
richtet werden. Dafür
und auch um dem
Werkstück die erfor-
derliche Starrheit beim
Bearbeiten des Flan-
sches zu geben, sind
zwei Schrägstützen auf

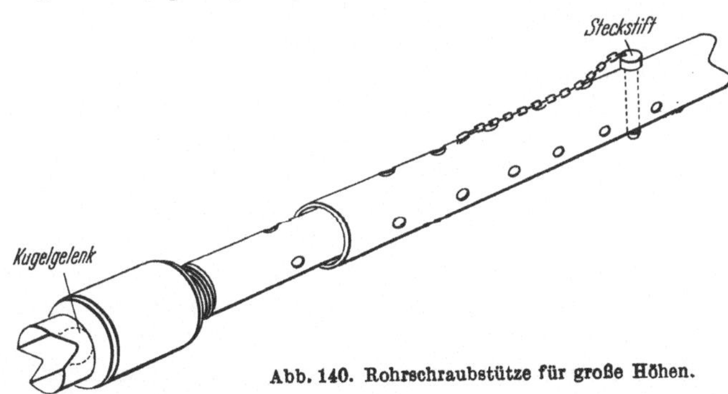

Abb. 140. Rohrschraubstütze für große Höhen.

der Planscheibe befestigt worden. Die abgerundeten Druckspitzen der Schrauben
greifen unmittelbar unter den Flanschecken an, wo sie einen sicheren Halt gegen
das Abgleiten finden.

Sehr lange Stützen, wie sie im Großmaschinenbau benötigt werden, stellt man besser nicht ausschließlich aus Schrauben zusammen, weil sie dann, um die nötige Knicksicherheit zu haben, unnötig dick und schwer gemacht werden müßten. Hier hat sich eine Ausführung bewährt, die aus einem Rohrstück und einer Schraube zusammengesetzt wird, Abb. 140. Beide Teile weisen eine Anzahl von Querbohrungen auf. Durch einen mittels Kette unverlierbar am Rohr aufgehängten Querstift können sie zu beliebiger Länge miteinander verbunden werden. Die Schraube dient zum Feineinstellen und zum Spannen.

V. Fehler beim Spannen und ihre Verhütung. Schwierige Sonder-Spannaufgaben.

Hier soll nicht die Rede sein von unzweckmäßiger Auswahl oder mangelhafter Gestaltung von Spannwerkzeugen, denn darüber ist bei der Betrachtung der einzelnen Arten bereits alles Notwendige gesagt worden. Auch mit offensichtlichen Fehlern der Anwendung wollen wir uns nicht aufhalten. Es gibt aber Fehler, die nicht gleich als solche erkennbar sind.

Fehlerhaftes Spannen kann Ungenauigkeit des Werkstückes, aber auch Beschädigungen von Werkstück, Werkzeug oder Maschine verursachen. Oft bemerkt man den Fehler erst, wenn der Schaden bereits eingetreten ist. Fast immer aber hätte er durch Überlegung vermieden werden können. Die meisten Fehler sind Verstöße gegen die Grundregel, daß das Werkstück durch die Bestimmteile und die Spannkräfte gegen Kräfte und Bewegungen in jeder Richtung gehalten werden muß und dabei selbst nicht verspannt werden darf. Bei den verschiedensten Beispielen war erkennbar, und teilweise wurde ausdrücklich darauf hingewiesen, daß ideale Verhältnisse nur selten bestehen und meist ein Kompromiß gesucht werden muß. Dabei werden natürlich leicht Fehler gemacht. Es ist lehrreich, den häufigsten Fehlern beim Spannen auf den Grund zu gehen.

39. Das Verspannen. Unter Abschn. I/4 wurde bereits darauf hingewiesen, daß die mit jeder „Spannung" verbundene Formänderung eine sehr unerfreuliche Nebenwirkung sein kann. Man muß immer danach streben, die Spannkräfte so wirken zu lassen, daß die durch sie verursachten Formänderungen des Werkstückes nicht schaden, d. h. vor allem die Genauigkeit im fertigen Zustande nicht beeinträchtigen. Am besten, aber auch nur selten zu erreichen ist der Zustand, daß in demjenigen Teil des Werkstückes, wo es bearbeitet wird, überhaupt keine Spannungen herrschen. Das schlechteste ist, wenn ein großer Teil des Werkstückes Biegungs- oder Verdrehungsmomente erhält.

Momente entstehen, wenn die Auflage nicht in der Kraftrichtung liegt oder wenn zwischen Kraftangriffspunkt und Auflage nicht durchweg volles Material vorhanden ist. Selbst geringe Abweichungen können schädlich sein, weil die durch Momente erzeugten Biegungs- bzw. Verdrehungsspannungen auch auf benachbarte Werkstückteile verformend bzw. verlagernd wirken.

Reine Druckspannungen (oder reine Zugspannungen, die beim Spannen im Werkstück allerdings nur äußerst selten einmal vorkommen) sind praktisch niemals schädlich, weil die dadurch entstehenden Verformungen zu gering sind und nicht auf benachbarte Querschnitte übergreifen.

Meist zwingen die räumlichen Gegebenheiten dazu, mehr oder weniger große Momente in Kauf zu nehmen. Man muß sich darauf beschränken, ihre Folgen in tragbaren Grenzen zu halten. Die Verspannung ist deshalb so übel, weil das Werkstück nach dem Ausspannen in seine ursprüngliche Gestalt zurückfedert. Das im eingespannten Zustande genau bearbeitete Stück ist nachher unrund, krumm oder windschief. Abb. 141 bis 143 zeigen die Wirkung der Verspannung am einfachsten, aber auch häufigsten Beispiel in übertriebener Darstellung. Jedes ringförmige oder hohle Werkstück, das im Backenfutter oder im Spannstock gespannt wird, unterliegt dieser Gefahr.

Dünnwandige Büchsen kann man in dieser Weise überhaupt nicht so aufspannen, daß sie beim Ausbohren rund bleiben. Nimmt man aber die Unrundheit in Kauf, etwa um sie beim Schleifen zu beseitigen, so hat man das Problem damit nicht gelöst, sondern nur verlagert. Man muß dann auf der Schleifmaschine das tun, was man

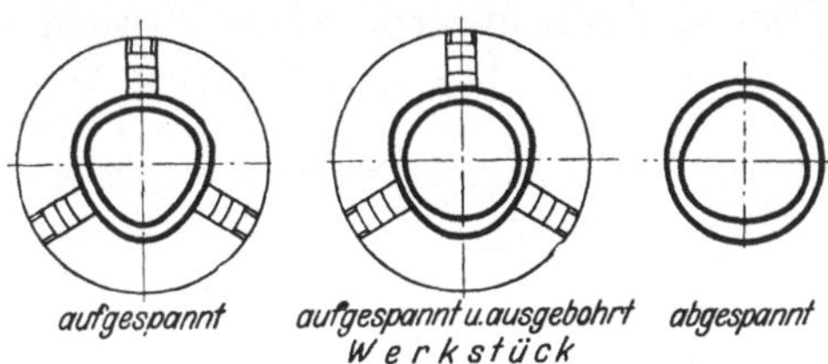

Abb. 141—143. Drei Stufen der Formänderung durch Verspannen im Dreibackenfutter.

schon auf der Drehbank hätte tun sollen, nämlich das Stück axial spannen, etwa wie in Abb. 144, und muß den Fehler durch ein erhebliches Mehr an Schleifarbeit obendrein noch sehr teuer bezahlen, wenn es überhaupt noch technisch möglich ist, ihn zu beseitigen.

Gestattet die Form des Werkstückes und die Art der Bearbeitung eine Axialspannung nach Abschn. 25, so geht man dadurch der Gefahr der Verspannung aus dem Wege; diese Möglichkeit besteht jedoch nicht immer.

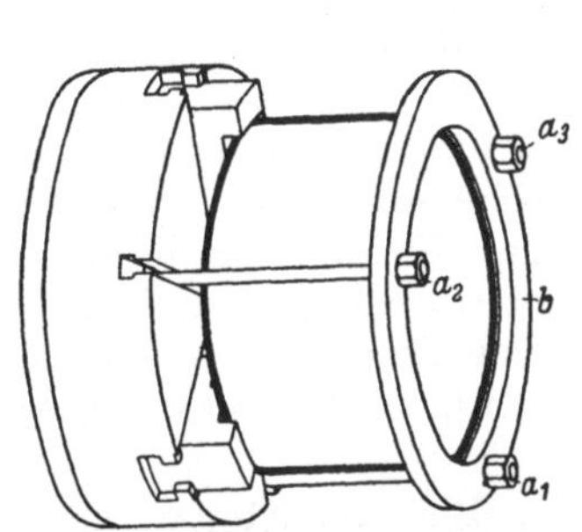

Abb. 144. Spannen einer Büchse im Dreibackenfutter ohne Verspannung.
a Spannschrauben, b Spannring.

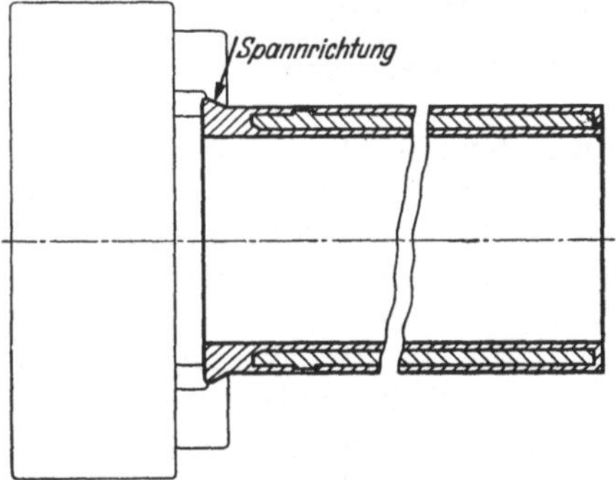

Abb. 145. Spannen von Zylinderlaufbüchsen zum Drehen.

Einen verhältnismäßig einfachen Ausweg aus der Gefahr des Verspannens geht man bei der Herstellung der sogenannten Zylinderlaufbuchsen, die für Fahrzeugmotoren in großen Massen benötigt werden. Sie werden im Schleuderverfahren mit einem kurzen Kegelansatz gegossen, wie in Abb. 145 dargestellt. Das kraftbetätigte Sonderfutter hat Hebelbacken, die schräg am Kegel angreifen und das Stück gleichzeitig axial festziehen. Wenn die restliche Radialverspannung noch stört, kann sie durch ein vorher eingesetztes, leicht kegeliges und dreieckig ausgespartes Füllstück verhindert werden. Hier kommt aber ein anderer Umstand dazu: Die gedrehten Büchsen werden in den Zylinderblock eingezogen und darin durch Ziehschleifen (Honen) fertiggestellt. Natürlich soll beim Honen keine Unrundheit beseitigt werden müssen, die als Folge einer Verspannung beim Drehen befürchtet werden könnte. Nun werden die Büchsen aber beim Drehen, wie Abb. 145 zeigt, innen und außen gleichzeitig bearbeitet; eine etwaige Verspannung wirkt sich außen ebenso aus wie innen, und die Wand wird überall gleich stark. Beim Einpressen in den starren Zylinderblock paßt sich die nachgiebige Büchse dessen genau runder Bohrung an und ist dann innen wieder genau rund.

Bei Naben mit Flanschen oder dgl. ist die Verspannung natürlich geringer, vor allem wenn man die Spannkraft in der Ebene der größten Radialstärke wirken lassen kann. Immerhin gibt es auch da manchmal unangenehme Überraschungen. Hat ein Werkstück z. B. einen dünnen Flansch oder Steg von großer Radialstärke, der außen überdreht werden muß, so muß man an einem Ansatz oder dgl. daneben spannen, und meint dann, der Flansch wird die Spannkraft schon ohne Verformung aufnehmen. Dann bilden sich aber drei gleich große Biegungsmomente in den drei Backenebenen, die selbst bei geringem Abstand der Backenangriffsstelle vom Flansch diesen uneben ziehen. Besonders gefährdet sind in dieser Beziehung die Elektromotoren-Lagerschilde, über die zu Abb. 9 schon einiges gesagt wurde. Nimmt der Konstrukteur eines solchen Werkstückes auf die Fertigung nicht genügend Rücksicht, so wirkt sich das außerordentlich erschwerend und natürlich auch verteuernd aus. Da die Verspannung mit der aufgewendeten Kraft zunimmt, ist bei solchen Arbeiten die kraftbetätigte Spannung besonders vorteilhaft. Wie auf S. 25 bereits gesagt wurde, kann man bei ihr ohne Gefahr die Spannkraft auf das unbedingt

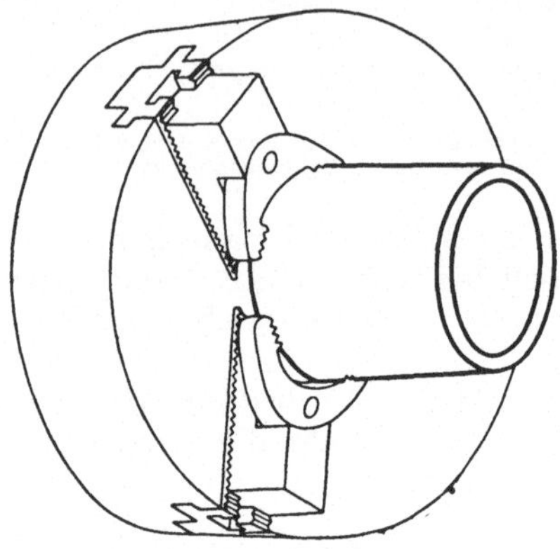

Abb. 146. Verringern der Verspannung durch Verteilung der Spannkraft.

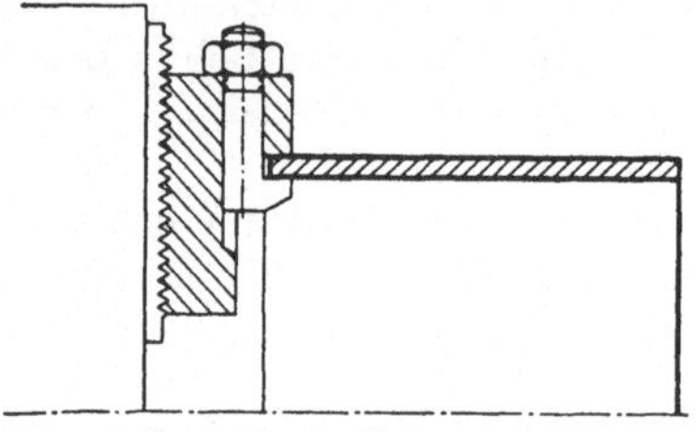

Abb. 147. Vermeiden der Verspannung durch Zusatzspannung unmittelbar an jeder Spannbacke.

notwendige Maß beschränken, und handelt es sich um ein Serien- oder Massenerzeugnis, so kann man die Verspannung durch Herstellung von Sonderbacken, die dem Werkstück angepaßt sind, weiter mildern. So kann man etwa nach Abb. 146 die Backen mit breiten Schaukeleinsätzen versehen, die die Kraft jeder Backe halbieren und auf zwei weit auseinanderliegende Punkte verteilen, wodurch Kraft und Hebelarm des Biegungsmomentes gleichzeitig herabgesetzt werden und dieses also erheblich verkleinert wird.

Große und besonders dünnwandige Ringe oder Büchsen (Rohre) kann man unter Umständen auch mit einer Anordnung nach Abb. 147 vorteilhaft spannen. Die Backen des Dreibackenfutters werden nur mit leichter Kraft angestellt und halten das Stück mittig. Dann werden die Muttern an den Hakenschrauben kräftig angezogen und erzeugen große Spann- und Mitnahmekräfte ohne Biegungsmomente, also auch ohne Verspannung.

Eine vielfach besonders an die Preßluft-Spannung geknüpfte Hoffnung in Bezug auf die Verspannung läßt sich allerdings meist nicht, oder jedenfalls nur bedingt erfüllen. Es ist theoretisch denkbar, etwa einen Ring zunächst mit hohem Preßluftdruck einzuspannen, so zu schruppen, dann den Luftdruck herabzusetzen in der Hoffnung, daß sich die Verspannung entsprechend verringert, und dann fertig zu drehen. Abgesehen davon, daß viele und gerade gute kraftbetätigte Futter praktisch ebenfalls selbsthemmend sind, also auch beim Nachlassen des Luftdruckes gar nicht loslassen können, hätte auch der Preßluftkolben keine Veranlassung, aus der vorher erreichten Stellung zurückzugehen, selbst wenn der Preßluftdruck ganz weggenommen würde. Erst bei Gegendruck geht er zurück, dann aber natürlich ganz, und das Werkstück wird ganz gelöst. Es geht also leider nur so, daß man das Stück löst und anschließend mit verringertem Preßluftdruck wieder neu einspannt. Das geht zwar sehr schnell, aber es entsteht natürlich grundsätzlich die Möglichkeit einer Verlagerung in den Backen.

Ähnliche Wirkungen wie die durch Verspannen treten manchmal auch aus einer ganz anderen Ursache auf: Gußstücke, Schmiedestücke, Teile aus gezogenem Werkstoff und zusammengeschweißte Teile enthalten von der Vorformung oder von ungleichmäßiger Abkühlung her oft innere Spannungen, die sich gegenseitig im Gleichgewicht halten. Wird ein Teil der Oberfläche weggenommen, so wird das Gleichgewicht gestört und die restlichen Spannungen können das Stück verziehen. Dieser Einfluß wird jedoch leicht überschätzt. Er ist selten wirklich schädlich, und dann ist es meist billiger, ihn durch vorheriges Glühen der Stücke auszuschalten, als die eingetretene Verspannung durch nochmalige Bearbeitung zu beseitigen.

40. Große, sperrige Werkstücke werden besonders leicht verspannt. Bei ihnen muß man mit einem Widerspruch fertigwerden. Ein Körper ist unverrückbar festgelegt, sobald man ihn an drei nicht auf der gleichen Geraden liegenden Punkten festhält. Ein absolut starrer Körper könnte dann überhaupt keine Bewegung mehr ausführen, und auch die größten äußeren Kräfte (Bearbeitungskräfte) könnten ihn nicht bewegen, solange die Haltung in den drei Punkten nicht nachgibt. Ist der Körper aber elastisch — und jeder wirkliche Körper ist es — so kann man ihn zwar auch nicht von der Stelle bewegen, aber man kann einzelne Teile von ihm, besonders die von den festgehaltenen Punkten weiter entfernten, durch Kräfte aus ihrer Lage bringen, weil sie federnd ausweichen. Bei gedrungenen, massigen Körpern ist die Federungsmöglichkeit gering und die Haltung an drei weit auseinander liegenden Punkten reicht aus, um alle Bearbeitungskräfte aufzunehmen. Dünnwandige und sperrige Körper dagegen können so stark federn, daß ein ruhiges, genaues Schneiden in einiger Entfernung von den Haltepunkten unmöglich wird. Dann müssen die federnden Teile des Werkstückes zusätzlich gestützt werden. Jede über die genannten drei Punkte hinausgehende Abstützung aber ist eine Überbestimmung, und kann zur Verspannung führen. Die Aufgabe besteht darin, durch günstige Wahl der Bestimmungspunkte die Zahl der zusätzlichen Abstützungen so klein wie möglich zu halten, und die unbedingt notwendigen so zu gestalten, daß es dem Arbeiter nicht allzu schwer fällt, mit der Verspannung unter der zulässigen Grenze zu bleiben. Jede zusätzliche Abstützung muß einzeln an das Werkstück angestellt werden. Sie soll fest, aber ohne Kraft anliegen. Eine Anlagekraft darf allenfalls dadurch herbeigeführt werden, daß man der Stütze gegenüber eine zusätzliche Spannkraft wirken läßt. Der Vorrichtungsbau hat für diese Aufgabe zahlreiche Lösungen, die schnell bedienbar und weitgehend narrensicher sind. Beim Spannen mit allgemeinen Mitteln müssen Verstand und Geschicklichkeit des Arbeiters mithelfen, trotz der für starres Spannen unvermeidlichen Überbestimmung schädliche Verspannung zu vermeiden.

Wollten wir die Grenze zwischen Bestimmen und Überbestimmen allgemeingültig abzustecken versuchen, so würden wir uns in umfangreiche und schwer verständliche Theorien verlieren, weil die praktischen Möglichkeiten des Bestimmens viel zu mannigfaltig sind. Wenn er weiß, worauf es ankommt, sagt dem Praktiker das Gefühl sicherer und schneller, was zum vollständigen Bestimmen eines gegebenen Werkstückes ausreicht. Was darüber hinausgeht, ist Überbestimmung.

Wir wollen nur ein typisches Beispiel betrachten. Die beiden Köpfe einer schweren Schubstange sollen gebohrt und beiderseits auf gleiche Stärke abgeflächt werden. Das Rohstück sei durch Schweißen hergestellt, der H-förmige Schaft bleibt roh. Es gibt zwei grundsätzliche Möglichkeiten. 1. Alle Arbeitsgänge werden in einer einzigen Aufspannung auf dem Bohrwerk ausgeführt. 2. Die Stirnflächen werden zuerst gehobelt oder langgefräst, und nur die Bohrungen werden auf dem Bohrwerk hergestellt. Zum Verfahren 1 könnte jemand das noch ganz rohe Stück nach Abb. 148 in zwei Maschinen-Spannstöcken halten, weil er es so natürlich gut festhält und bequem mit allen Werkzeugen arbeiten kann. Er würde das Werkstück aber mehrfach überbestimmen, denn schon nach dem Schließen des ersten Schraubstockes wäre die Stange voll bestimmt. Beim Zuspannen des zweiten würde sie wahrscheinlich verbogen und zugleich verdreht (verdrillt). In der abgespannten Stange würden die Löcher und die Flächen zueinander windschief stehen. Wird man die Stange dagegen nach Abb. 149 in zwei

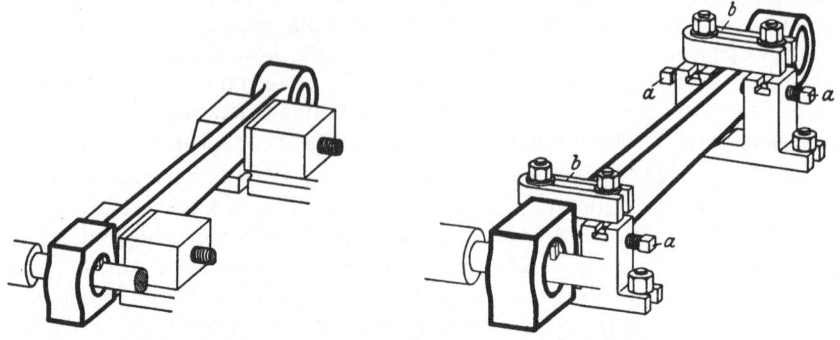

Abb. 148. schlecht.   Abb. 149. gut.
Abb. 148 u. 149. Abflächen und Bohren in einer Aufspannung.

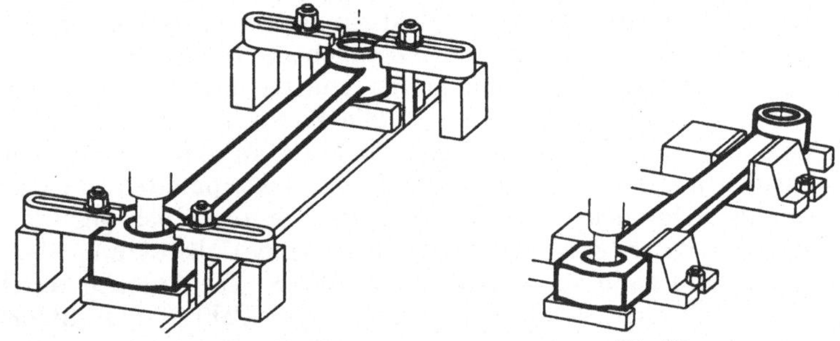

Abb. 150. schlecht.   Abb. 151. gut.
Abb. 150 u. 151. Fräsen bzw. Hobeln und Bohren getrennt. Aufspannung zum Bohren.
Abb. 148—151. Aufspannen von Schubstangen.

Gabelspannkloben legen, mit den Schrauben *a* nur leicht ausrichten, dann mit den Spanneisen *b* in senkrechter Richtung festspannen, so kann die Stange vielleicht auch noch etwas verbogen werden, aber nur in der Hochkantebene. Richtungsfehler der Bohrungen und Stirnflächen sind dabei kaum zu befürchten.

Die meisten Praktiker werden allerdings Verfahren 2 vorziehen. Man wird dann meist nach Abb. 150 aufspannen (oder für das Bohrwerk genau so auf einer Winkelplatte oder am Kasten) und nichts dabei finden. Trotzdem ist auch diese Methode nicht ganz ungefährlich. Schon nach dem Aufspannen des ersten Kopfes ist die Stange voll bestimmt. Vor dem Festspannen des zweiten muß man mindestens prüfen, ob er auf den Unterlagen vollständig aufliegt. Die Stange könnte nicht genau eben sein, die Unterlagen können verschieden sein, oder der Maschinentisch ist nicht mehr eben oder sauber. Sorgt man vor dem Festspannen des zweiten Kopfes dafür, daß sich a) die Unterlagen ohne Zwang unterschieben lassen, aber auch b) zwischen Kopf und Unterlage keine Luft bleibt, was man gegebenenfalls durch Beilagen (auch Papier) erreichen kann, so hat man die Überbestimmung unschädlich gemacht, kann auch den zweiten Kopf ruhig festspannen und wird ein gutes Ergebnis bekommen. Einfacher ist es, nach Abb. 151 die Köpfe nur lose auf Unterlagen zu legen und den Schaft mittels zweier Schraubstöcke über den hohen Querschnitt zu spannen. Hierbei besteht grundsätzlich die gleiche (und wenig gefährliche) Möglichkeit des Verspannens wie bei Abb. 149. Die Gefahr kann weiter vermindert werden, indem man zwischen jede Backe und das Werkstück ein schmales Leistchen hochkant stellt, so daß kein Schraubstock allein eine nennenswerte Richtwirkung hat, also die Voraussetzung für ein Biegungsmoment wegfällt. Nach dem Festspannen kann man gegebenenfalls mit den Unterlagen oder mittels Meßuhr prüfen, ob die Stirnflächen parallel zum Tisch geblieben sind oder nicht.

Unter 33 wurde erwähnt, daß man gelegentlich für Werkstücke besonderer Form auch Hartholz-Untersätze anfertigt. Das darf aber niemals bei zusätzlichen

Abstützungen geschehen, weil das Holz unter der Spannkraft nachgibt und das Werkstück entsprechend mit durchgezogen und verspannt würde. Abb. 152 ist ohne weitere Worte verständlich.

41. Verhütung von Verspannungen durch Versteifung des Werkstückes vor dem Aufspannen. Kann man keine Abstützung von außen anbringen, weil der Arbeitsvorgang oder die Form des Werkstückes keine Möglichkeit dafür läßt, so kann man unter Umständen das Werkstück in sich selbst vor dem Aufspannen steifer machen. Die Kurbelwelle nach Abb. 153 ist allein zu nachgiebig, um den langen Schenkel drehen zu können. Setzt man jedoch das abgebildete Druckstück mit Schrauben auf, so kann man den Reitstock kräftig andrücken

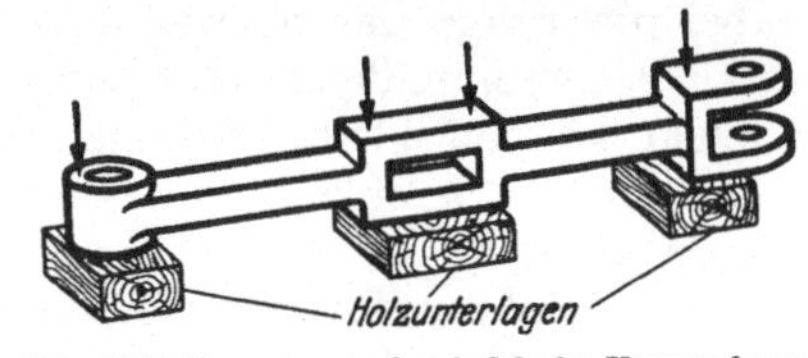

Abb. 152. Verspannen durch falsche Verwendung von Holzunterlagen.

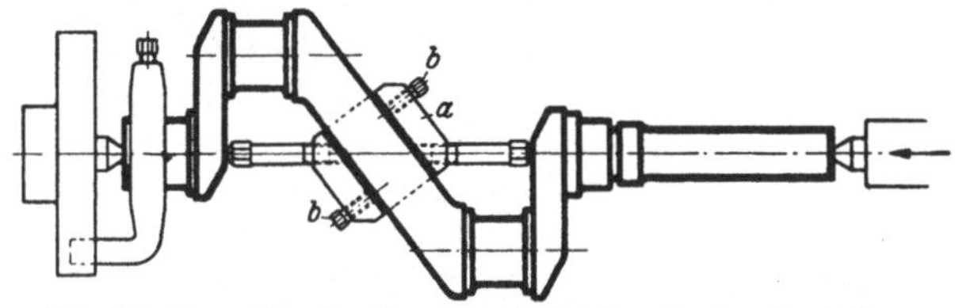

Abb. 153. Vermeiden der Verspannung durch vorheriges Versteifen. *a* Druckstück, *b* Spannschrauben.

und dann werden die Schnittkräfte sicher aufgenommen. Es kommen aber auch nachgiebige Werkstücke von solch schwieriger Form vor, daß man zunächst weder eine Möglichkeit zum Stützen noch zum Aussteifen findet. Ein klassisches Beispiel dafür ist der Gewehrlauf. Der fertig gebohrte und genau gerichtete Lauf muß so überdreht werden, daß überall gleiche Wandstärken entstehen. Er wird dazu zwischen Spitzen aufgenommen, ist dann zwar nach der Seelenachse (Bohrungsachse) bestimmt, würde aber unter der einseitigen Kraft des Drehstahles viel zu sehr nachgeben, wenn man nicht wenigstens in der Mitte eine Lünette ansetzte. Deshalb muß als erster und schwierigster Arbeitsgang an der Stelle der größten Nachgiebigkeit eine Lünettenlauffläche angedreht werden. Bei dieser Arbeit braucht man eine Hilfsabstützung, die den außen noch rohen Lauf ohne

jeden Zwang und doch fest mit einer Hülse verbindet, die in einem mit den Spitzen der Drehbank fluchtenden Lager läuft. Man benutzt dazu eine sogenannte Schwefelwalze. Abb. 154 zeigt die Anordnung. Die Schwefelwalze ist eine Büchse, in der der Lauf, nachdem er in den Spitzen sitzt, mittels erwärmten Schwefels festgegossen wird.

Hier ist eine zusätzliche Abstützung gegen die Maschine in idealer Weise ohne Zwang erreicht worden. Ähnlich kann

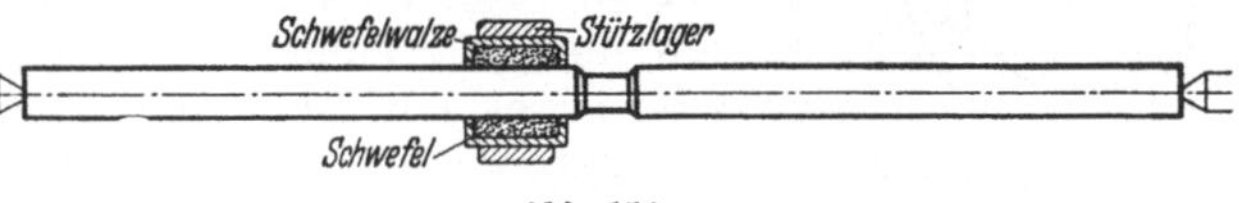

Abb. 154.

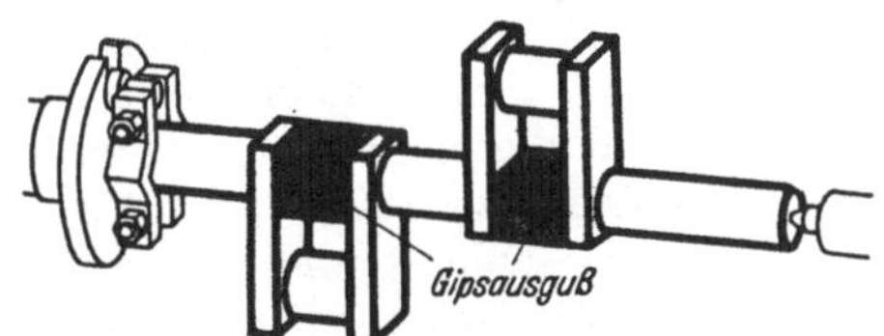

Abb. 155.

Abb. 154 u. 155. Vermeiden der Verspannung durch vorheriges Versteifen.

man auch ein sperriges Werkstück in sich selbst versteifen. Die in Abb. 155 dargestellte Kurbelwelle wird durch Ausgießen der Kröpfungen mit Gips ausgesteift, ohne daß dabei irgendwelche Momente entstehen können.

42. Genauigkeitsfehler durch das Einspannen. Wie schon in Abschn. 1 gesagt, können wir die Fragen des Bestimmens in diesem Buche aus Raummangel nicht vollständig behandeln, obwohl zwischen den Aufgaben des Bestimmens und des Spannens enge Wechselwirkungen bestehen, so daß sie fast immer gemeinsam gelöst werden müssen. Die Güte des Bestimmens hängt mehr oder weniger von den Spannteilen und der Art ihrer Anwendung mit ab. Besonders wichtig ist dabei die Frage der notwendigen bzw. erreichbaren Genauigkeit. Trotz grundsätzlich zweckmäßiger Wahl der Art des Bestimmens und der Bestimmungsflächen können kleine Abweichungen entstehen, die während der Bearbeitung nicht sofort erkennbar sind, aber zu Ausschuß und Störungen in der Fertigung führen können.

Die Gefahren für die Genauigkeit sind geringer, wenn zur Bestimmung des Werkstückes nur feste Teile der Vorrichtung dienen, und größer, wenn dazu bewegliche Teile herangezogen werden müssen. Grundsätzlich können jedoch in beiden Fällen Fehler eintreten. Mögliche Fehlerquellen sind:

Ungenauigkeit des Spannzeuges selbst, wenn das Bestimmen durch bewegliche Teile geschieht; natürlich insbesondere Ungenauigkeiten in der Bewegungsübertragung, in den Führungen usw. Das kommt vor allem für Drehbankfutter in Frage, worüber in Abschnitt III A bis C das Nötige gesagt ist.

Die Reibung zwischen Spannflächen und Werkstück, die für die Mitnahmewirkung groß sein soll, setzt umgekehrt der Genauigkeit des Bestimmens dann eine Grenze, wenn beim Einmitten eine Bewegung quer zu den Spannflächen stattfinden muß, wie das wiederum beim Dreibackenfutter der Fall ist. Um dies zu verstehen, stelle man sich vor, die drei Backen griffen mit je einer scharfen Spitze am Werkstück an, das Werkstück sei verhältnismäßig schwer und eine Backe stehe genau senkrecht über dem Werkstück, so daß dessen Gewicht bei Beginn des Spannens auf den beiden unteren Backen ruht. Bei der zentrischen Bewegung gehen die Backen auch in der Waagerechten aufeinander zu. Dabei sollen sie über die Werkstückoberfläche gleiten und gleichzeitig das Werkstück anheben. Dann kann es geschehen, daß das Stück, wie in Abb. 156 gezeigt, sich

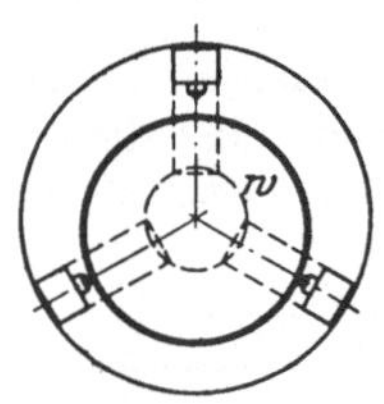

Abb. 156. „Aufhängen“ eines Werkstückes zwischen zwei Backen.

in den beiden Backen „aufhängt“, und auch bei stärkstem Anziehen kommt die dritte Backe überhaupt nicht zur Anlage, weil die unteren Backen sich ins Werkstück eingebissen haben und nicht mehr weiter können. Natürlich kann man durch entsprechende Handhabung diesen krassen Fall leicht verhindern, aber ein kleinerer Fehler von grundsätzlich gleicher Art stellt sich sehr leicht ein, ohne daß er bemerkt wird. Sogar beim Spannen mit weichen Backen auf gedrehten Oberflächen wirkt dieser Einfluß mit und führt dazu, daß das eingespannte Werkstück um mehrere hundertstel mm schlägt, auch wenn die Spannflächen der Backen selbst einwandfrei rundlaufen.

Man kann diesen Fehler einschränken, wenn man die Backen nicht weiter öffnet, als gerade zum Einführen des Werkstückes nötig ist, und sie beim Spannen dann langsam schließt und das Werkstück dabei in den Backen dreht, so daß zwischen Spannbacken und Werkstückoberfläche während des Bestimmungsvorganges die geringere Reibung der Bewegung herrscht.

Ein anderer Genauigkeitsfehler kann nur durch sorgfältige Handhabung vermieden werden, und das ist die Verlagerung des Werkstückes durch Fremdkörper oder Schmutz zwischen Werkstückoberfläche und Spannfläche. Hier ist man ganz auf die Gewissenhaftigkeit und Geschicklichkeit des Bedienenden angewiesen.

Eine Quelle vieler Ungenauigkeiten beim Bestimmen sind selbstverständlich auch die bei den verschiedensten Spannmitteln behandelten ungewollten Nebenbewegungen von Spannbacken u. dgl. in ihren Führungen infolge von Kippmomenten, die erst durch die Spannkraft entstehen und dann zu Verlagerungen auch des Werkstückes führen, die oft nur schwer feststellbar oder vermeidbar sind. Wo man von allen denkbaren Ungenauigkeiten durch das Spannen unabhängig sein muß, wie bei manchen Aufgaben in der Massenfertigung, nimmt man oft nur deswegen eine umständlichere Arbeitsweise und kostspielige Maschinen und Werkzeugausrüstungen in Kauf.

Ein Beispiel: Die Fahrzeugnabe nach Abb. 157 hat 2 Kugellagersitze, die wegen der dazwischenliegenden Schulter nicht in einer Aufspannung gedreht werden können. Es ist an sich ohne weiteres möglich, die Nabe für das Drehen der zweiten Seite an einer in der ersten Aufspannung gedrehten Fläche so zu spannen, daß die erste Bohrung einwandfrei läuft und daher die zweite ebenfalls mit ihr fluchten wird. In vielen Betrieben wird so gearbeitet.

Sobald aber einmal beim Einspannen nicht aufgepaßt wird und z. B. nur ein einziges Spänchen an einer Backe oder am Werkstück hängen geblieben ist, wird das Stück einseitig gespannt, und die zweite Bohrung läuft nicht zur ersten. Diese Fehlermöglichkeit läßt sich dadurch ausschalten, daß man die Fertigbearbeitung der beiden Bohrungen in einer einzigen Aufspannung auf einem Feinstbohrwerk vornimmt, das mit zwei genau fluchtenden Spindeln von beiden Seiten her gleichzeitig je eine Bohrung bearbeitet. Die teure Sondermaschine wird also nur deshalb eingeschaltet, um möglichen Fehlern beim Spannen auszuweichen.

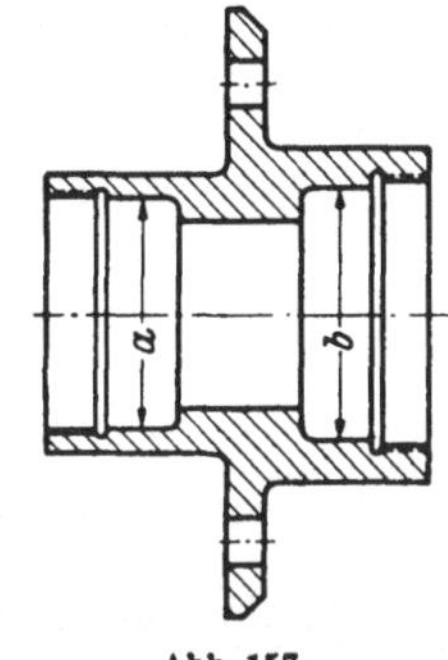

Abb. 157.

43. Schnittrichtung am eingespannten Werkstück. Über die Frage Spannrichtung und Schnittrichtung herrscht meist viel Unsicherheit. Leider hat auch manches Buch durch unklare Darstellung die Verwirrung nur vergrößert, weil man immer von der angeblichen Grundregel ausgeht, man dürfe nicht „gegen die Spannkraft arbeiten". Weil es aber so offenbar nicht immer geht, heißt es dann „unter ganz bestimmten Bedingungen müssen Ausnahmen gemacht werden". In einem sonst guten Buche über Vorrichtungsbau (erschienen 1926) findet sich nach der Aufzählung einiger solcher Ausnahmen sogar die resignierte Feststellung: „Die Ursachen dieser Erscheinung sind noch nicht aufgeklärt, wir müssen uns daher mit der nackten Tatsache abfinden."

Dabei ist die Sache im Grunde ganz einfach. Die genannte „Grundregel" ist barer Unsinn. Sie geht von der beinahe komischen Vorstellung aus, als wenn die Spannkraft nur auf der Seite bestünde, wo man sie zufällig einleitet. Dabei übt doch die andere Seite der Vorrichtung die gleiche Kraft in genau entgegengesetzter Richtung auf das Werkstück aus! Im allgemeinen ist es ganz gleichgültig, wie die Schnittrichtung in Bezug auf die Angriffsrichtung des bzw. der Spannelemente liegt. Man muß nur daran denken, daß dann, wenn die Schnittkraft allein durch Reibung aufgenommen wird, die Spannkraft selbstverständlich ein Mehrfaches der Schnittkraft betragen muß (je nach Oberflächenbeschaffenheit das 3 bis 8-fache), während bei paralleler Richtung die Spannkraft nur wenig mehr als die größte Schnittkraft zu sein braucht. Wichtig aber ist folgendes:

Wenn irgend eines oder mehrere der beteiligten Glieder, nämlich Werkstück, Spannmittel bzw. Vorrichtung einschl. Maschinentisch usw., Werkzeug, Werkzeughalter einschl. Support usw. unter der Schnittkraft nennenswert nachgeben kann, also wenn Biegungs- bzw. Verdrehungsmomente, Spiele in Führungen und dgl. nicht vermieden werden können, so wird dieses Nachgeben selbstverständlich mit der Größe der Schnittkraft wachsen. Ist die Richtung der Ausweichbewegung so, daß durch sie der Spanquerschnitt vergrößert wird, so wird die Schnittkraft größer, entsprechend vergrößert sich die Ausweichbewegung, der Spanquerschnitt wächst weiter usf., mit einem Wort, das Werkzeug hakt ein. Unruhiger Schnitt, Rattern, unsaubere Oberflächen, Bruch sind die Folgen. Kehrt man dann die Schnittrichtung um, so wird der Spanquerschnitt mit steigender Schnittkraft kleiner, es bildet sich ein Gleichgewicht und alle genannten Mängel sind vermieden. Abb. 158 und 159 zeigen die Zusammenhänge an einem besonders schroffen Beispiel. Die richtige Regel muß also lauten:

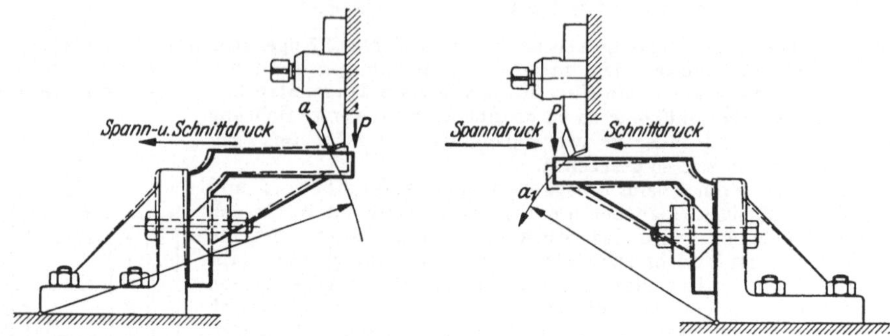

Abb. 158. Schnittrichtung falsch: Werkstück kann hochgerissen werden. *P* Rückdruck der Schneide, *a* Richtung der Ausweichbewegung unter der Schnittkraft.

Abb. 159. Schnittrichtung richtig.

„Läßt es sich nicht vermeiden, daß das Werkstück oder das Werkzeug oder beides durch eigene Elastizität, durch Elastizität der Spannmittel bzw. der Maschine oder durch Spiel in Führungen unter der Schnittkraft ausweichen kann, so muß die Schnittrichtung so gewählt werden, daß durch die Ausweichbewegung der Spanquerschnitt keinesfalls größer wird".

44. Schwierige Sonderspannaufgaben. Im Hauptabschnitt IV sind die allgemeinen Spannmittel möglichst erschöpfend behandelt worden. Dank ihrer Vielseitigkeit wird man mit ihnen fast immer auskommen, wenn es sich darum handelt, eine Arbeit überhaupt ausführen zu können. Bei Einzelanfertigung, allgemeiner gesagt da, wo die Zeit für das Aufspannen im Verhältnis zum Gesamtaufwand gering ist, sind gute allgemeine Spannmittel auch wirtschaftlich gesehen die richtigste Lösung. Dem Werkstück und dem Arbeitsgang angepaßte Vorrichtungen können und müssen um so mehr in Betracht gezogen werden, je häufiger die gleiche Arbeit wiederholt werden muß. Es können jedoch auch Arbeiten vorkommen, für

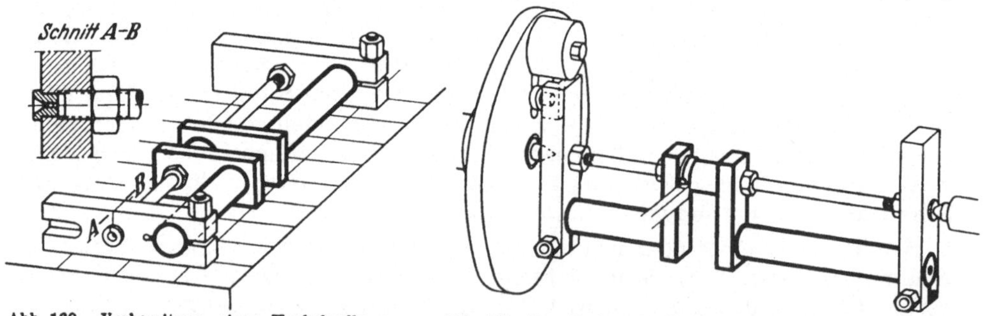

Abb. 160. Vorbereitung einer Kurbelwelle zum Aufspannen.

Abb. 161. Zum Drehen des Kurbelzapfens aufgespannte Welle.

die man sich Sonderspannmittel auch dann schaffen muß, wenn sie voraussichtlich kein zweites Mal gebraucht werden. Dafür kann man natürlich keine Rezepte geben. Als Beispiel sei das Aufspannen einer einzeln herzustellenden Kurbelwelle zum Drehen des bzw. der Kurbelzapfen betrachtet. Für die Serienherstellung von Kurbelwellen benutzt man selbstverständlich Aufspannvorrichtungen, für große Mengen sogar Sondermaschinen, die von vornherein mit entsprechenden Hilfsmitteln ausgestattet werden. Diese Fälle bleiben hier außer Betracht. Am einfachsten ist es, die Welle so vorzubereiten, daß man den Kurbelzapfen wie eine gewöhnliche Welle zwischen Spitzen drehen kann. Abb. 160 bis 163 zeigen den Grundgedanken. In dieser Weise kann man auch mehrhübige Wellen bis zu den größten Abmessungen bearbeiten. Sind

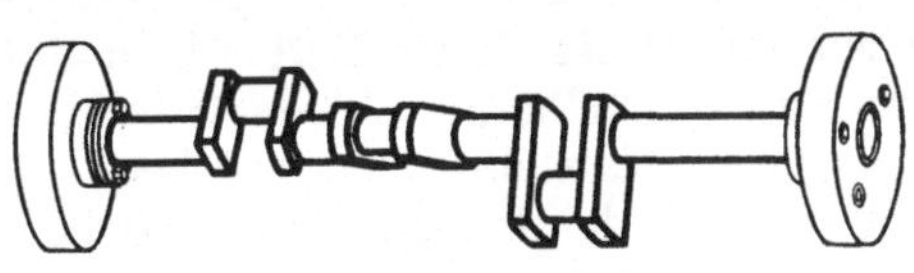

Abb. 162.

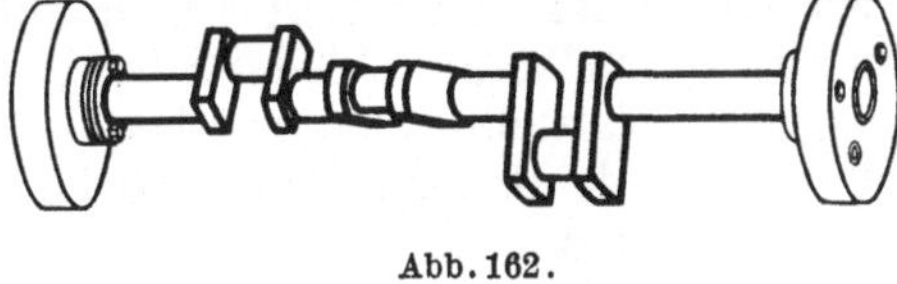

Abb. 163.
Abb. 162 u. 163. Hubscheiben für mehrhübige Kurbelwellen.

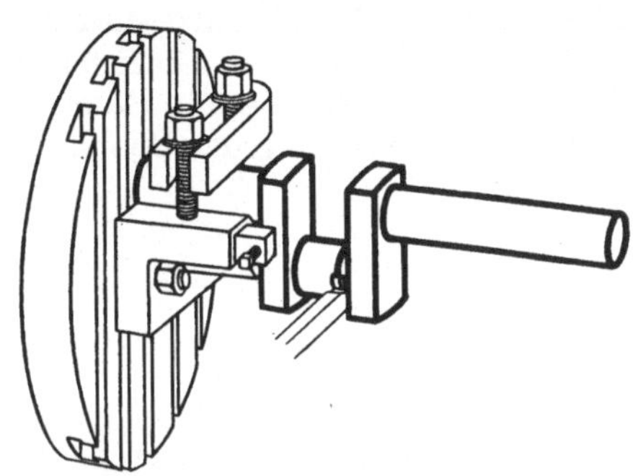

Abb. 164. Aufspannung einer Kurbelwelle im Prismenwinkel.

sie länger, so muß man nur noch die Möglichkeit vorsehen, an der Welle selbst oder an einem der Stützglieder eine bzw. mehrere Lünetten anzusetzen. Etwas bequemer, aber auch meist mehr Hilfsmittel erfordernd, und bei längeren Wellen nicht anwendbar, ist das fliegende Aufspannen im Prismenwinkel nach Abb. 164 (s. dazu auch Abb. 115).

Im übrigen muß man sich von den allgemeinen Grundsätzen leiten lassen, die sich bei der Gestaltung und Anwendung aller Spannmittel bewährt haben. Die wichtigsten seien zum Schluß noch einmal zusammengefaßt:

Lagebestimmung nach denjenigen Flächen des Werkstückes, von denen aus die zu bearbeitenden Flächen gemessen werden sollen, und zwar möglichst unmittelbar und an möglichst weit voneinander entfernten Punkten. Abstützung gegen Kräfte und Momente in allen Richtungen vorsehen. Größte Starrheit, vor allem in der Richtung der Hauptschnittkraft. Überbestimmung möglichst vermeiden, zusätzliche Abstützung schwacher oder ausladender Stellen des Werkstückes nur durch einstellbare Stützen. Spannkräfte möglichst mitten auf die Auflageflächen gerichtet und durch die Spannkräfte keine Biegungs- und Verdrehungsmomente im Werkstück erzeugen. Nicht vermeidbare Bewegungsmöglichkeiten des Werkstückes infolge seiner eigenen Elastizität oder der der Spannmittel so legen, daß die Schnittkraft das Werkstück wegdrückt und nicht heranzieht. Führungen von Spannteilen möglichst nahe an die Kraftrichtung (geringe Kippmomente und Reibungsverluste, Vermeiden des Aufbäumens). Übermäßige Beanspruchungen des Maschinentisches usw. vermeiden.

Nachtrag. [1]

32a. Verstellbare Stufenpratzen. Kurz vor dem Druck dieses Heftes kam eine
Vereinigung von Spannschraube, Spanneisen und verstellbarem Untersatz auf den
Markt, die durch kleinsten Raumbedarf bei großem Verstellbereich und bequeme
Handhabung schnelle Anpassung an ständig wechselnde Bedingungen ermöglicht
und daher besonders bei Einzelfertigung viel Zeit sparen kann: Die Stufenpratze
Abb. 165 und 166. Die mit Hammerkopf versehene lange Gewindehülse gestattet
eine große Verstellung der Spannschraube, ohne daß mehr als der Schraubenkopf

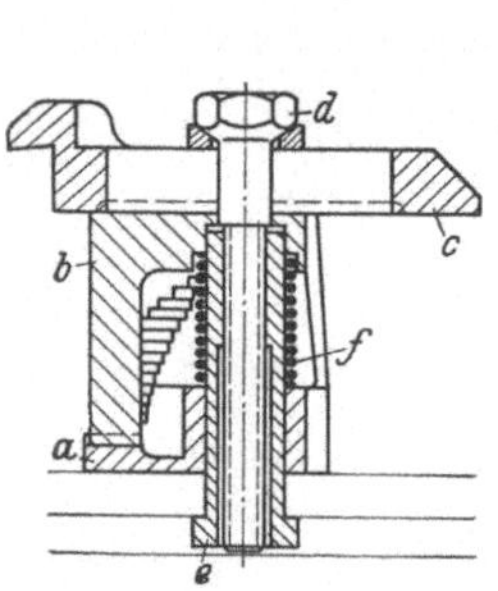

Abb. 165. Stufenpratze in niedrigster Stellung.
a Rastentreppe; b Unterlage; c Spanneisen;
d Spannschraube; e Gewindehülse;
f Schraubendruckfeder

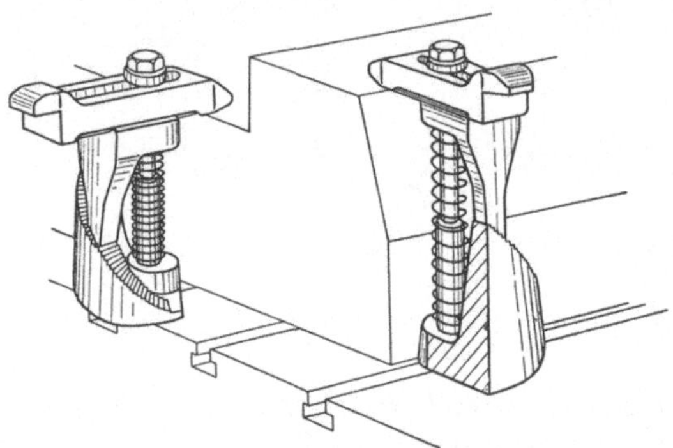

Abb. 166. Stufenpratze durch Verdrehen des Unterteiles und
Herausschrauben der Spannschraube auf mittlere und größte
Spannhöhe eingestellt.

über das Spanneisen hinausragt. Um Gewindehülse bzw. Spannschraube drehbar
sind ein Unterteil und die eigentliche Spanneisen-Unterlage, die sich in einer
schraubenförmigen Rastentreppe aufeinander stützen. Dadurch kommt man in
jeder Stellung mit der gleichen geringen Grundfläche aus. Das mit zwei verschiedenen Enden versehene Spanneisen ist in einem Langloch verschieb- und drehbar.
Das Ganze wird als zusammenhängende Einheit in die Tischnute eingeführt. Bei
der Ausführung für 16 mm Nutenbreite erfassen 4 Größen einen Höhenbereich von
25—320 mm mit je 20 mm Überdeckung.

---

[1] Dieser Abschnitt konnte nur noch als Nachtrag in das Buch eingefügt werden.

(Fortsetzung 4. Umschlagseite)